高等教育"十三五"部委级规划教材

# 建筑钢笔速写技法

## JianZhu Gangbi Suxie JiFa

第三版  耿庆雷 耿菲 著

东华大学出版社·上海

图书在版编目（CIP）数据

建筑钢笔速写技法 ／ 耿庆雷，耿菲著.--3版.--
上海：东华大学出版社，2018.8
　　ISBN 978-7-5669-1450-7

　　Ⅰ.①建… Ⅱ.①耿… ②耿… Ⅲ.①建筑画-钢笔
画-速写技法-高等学校-教材 Ⅳ. ① TU204.111

　　中国版本图书馆CIP数据核字(2018)第169761号

责任编辑　谢　未
装帧设计　王　丽

建筑钢笔速写技法（第三版）

JIANZHU GANGBI SUXIE JIFA

著　　者：耿庆雷　耿菲

出　　版：东华大学出版社

（上海市延安西路1882号　　邮政编码：200051）

出版社网址：dhupress.dhu.edu.cn

天猫旗舰店：http://dhdx.tmall.com

营销中心：021-62193056　62373056　62379558

印　　刷：苏州望电印刷有限公司

开　　本：889mm × 1194mm　1/16

印　　张：13

字　　数：458千字

版　　次：2018年8月第3版

印　　次：2018年8月第1次印刷

书　　号：ISBN 978-7-5669-1450-7

定　　价：39.00元

# 序

山东淄博，齐之故地。西周始封姜尚，后齐桓公争霸于此，亦孔丘游学之所，至清更有一代诗宗王渔洋，撰狐仙故事者蒲公松龄。其间风流人物不可胜数，留下传奇无数。

绘事一道，李成营丘，寒林平野，烟霭霏雾，风雨明晦，气象萧疏，烟林清旷，毫锋颖脱，墨法精微，影响后世。

庆雷先生，本务建筑手绘设计，对于建筑理念、结构原理以及设计美感都有深入研究，城市的多处重要建筑设计皆出自其手，其艺术的灵感多来源于最初的钢笔速写草图。钢笔速写需要多年艰苦训练方能得以熟练地表现，且速写的讲究，远不止熟练这一节，看似简单，却是观察与创作的起步，虽说率性，内含理法，画者的本性、才识、品味、格调等诸般潜质，亦无不经由笔端分明呈现。

出色的画家，面对景物写生，宛若敬事造物之主，惟情之真意之诚，然后灵感激发，运笔如在造化之间神游，不觉物我两忘，任其自然流露，捕捉形态变换于瞬息之间，存情彩性格于尺幅之上，如此，则通篇是性灵参透造化的融汇，是气韵贯注于感受的契合。我以为，庆雷先生的钢笔画已达此种境界。

中国绘画，讲究笔墨、虚实、疏密，崇尚传神、气韵生动，强调虚静空灵、静穆观照、人格涵养和学问积累，追求抒情写意、物我交融、诗情画意。庆雷先生甲申戌月入中央美院，随陈平、丘挺诸教授研习山水，深谙水墨之道，自营胸中丘壑，落笔尽现氤氲，在他的钢笔速写中也融入了浓厚的中国画的意蕴。今庆雷先生所绘建筑钢笔速写汇集成册，成绩斐然，识者共鉴。


教育部艺术教学指导委员会委员、
文化部现代工笔画院副院长
唐秀玲

# 目 录

## 作者简介

耿庆雷，现为山东理工大学美术学院环艺教研室主任、副教授，庆雷艺术设计工作室主持人。中国著名设计师，全国一级景观设计师指导委员会专家，IDA 国际设计协会淄博分会会长。2011 年 8 月被评为山东理工大学"大学期间我心目中最好的老师"称号。

2004 年考入中央美术学院"山水精神高研班"，师从陈平、丘挺教授研究中国山水画，旨在找寻设计与中国画艺术的完美结合以及博大的东方韵味。

曾主持山东省文化厅科研立项"无障碍设施设计"。作品曾先后参加首届中国壁饰、雕塑艺术大赛、全国第二届电脑建筑画大赛、全国第三届室内设计大展、"世纪——中国风情"中国画大型画展等 20 余次省及全国画展，均获殊荣。

# 第一章　概述

## 一、钢笔画的起源及发展

　　"工欲善其事，必先利其器"，大部分技法书都不能免俗的套用《论语》中的这句话，此话是实话，但也不能作为绝对真理。古代就有大画师使用秃笔作画的记载，如杜甫《题壁上韦偃画马歌》中的："戏拈秃笔扫骅骝，欻见麒麟出东壁"。苏轼《次韵吴传正枯木歌》中的："但当与作少陵诗，或自与君拈秃笔"。近代弘一大师更是用秃笔写经，"朴拙圆满，浑若天成"，把中国古代的书法艺术推向了极至。

　　西方传统绘画和写作工具主要是鹅毛笔和芦苇笔，现存中世纪羊皮纸手抄卷，其字体工整华丽，插图优美，皆依赖此工具。文艺复兴时期，达芬奇、米开朗基罗、拉斐尔诸大师，又使用色粉笔和银尖笔绘制了大量的传世素描杰作。

　　中国毛笔的使用已逾数千年，中华书画也凭借它而成为独立于世界之画种。其中界画是中国绘画极具特色的一类。界画起源于晋代，至唐代已较为成熟。作画时使用界尺引线，故曰界画。将一片长度约为一枝笔的三分之二的竹片，一头削成半圆并磨光，另一头按笔杆粗细刻一个凹槽作为辅助工具，作画时把界尺放在所需部位，将竹片凹槽抵住笔管，手握画笔与竹片，使竹片紧贴尺沿，按界尺方向运笔，能画出均匀笔直的线条。界画适于画亭台楼阁等建筑物，其他景物以工笔技法配合，故称为"工笔界画"。

　　清代可以说是中国界画发展史上之绝响。以袁江、袁耀叔侄为代表的聚集在江南一带的界画家，他们或师承，或朋友，勇于探索，创作活跃，是清代中前期界画创作之主流。二袁之界画，不仅楼阁描画工整，雍容端庄，建筑样式较以前有更多的变化，而且能绘巨幅大作，传世作品也很多，对后来的界画家产生了不小的影响。界画可作为中国硬笔画的前身。

　　近代以来，西方钢笔的输入，使得画家、建筑师等绘制草图更为方便。钢笔的发明还有个有趣的故事，相传钢笔是一百多年前一个外国商人华特曼发明的。那时候,欧洲人签署文件用的是鹅毛笔。由于用鹅毛笔漏墨水，沾污了商业合同，使华特曼丢掉了一笔大生意，这件事使他受到很大刺激，决意改革。鹅毛笔存不住墨水，他给笔增添了皮囊，鹅毛笔出水一泄无遗，他为笔设计了带毛细管的笔舌和有细小裂缝的钢笔尖，墨水沿着裂缝缓缓流下，重按笔尖，裂缝扩大，墨水多下，墨迹变粗，轻点笔尖，裂缝合拢，墨迹变细。从此，钢笔代替了欧洲人长期使用的鹅毛笔。

　　钢笔所用的墨水也是关键，应注重墨水的流动性，太稀易使钢笔漏墨，太浓则易阻塞。此外，钢笔因为出墨构造较精细，故钢笔墨水中多添加防止墨渣形成的溶

图1-1 钢笔画速写（刘甦）

剂，以免出墨通道阻塞而出水不顺。故选用钢笔专用墨水是有必要的。

　　钢笔画源自欧洲，起初著名画家都有以钢笔写生、起稿、记录风景人物或为大型画作做草图的习惯，后来发展到速写草图或插图等的小幅画作，为使小说等各类书籍吸引读者，美化充实内容。到了19世纪末，钢笔画发展为独立的画种，伦勃朗、凡高、毕加索等艺术大师都有精美的钢笔画传世。

　　钢笔速写虽是绘画领域中较小的画种，但其表现力丰富。它以线条为基本特征，整幅画面由线条和点组成。几根线便可以勾画出一个简要的图形。这些看似简单，但要将千变万化的无数线条整合，并构筑成内涵丰富、画面优美的钢笔画，却也有较高的难度。钢笔速写的线和点，能塑造出物象独特的质感和锐度，令它呈现非同一般的魅力。

　　随着科学技术的发展，各种新型的画笔不断出现，它们色彩丰富、着色牢固、使用便利，但是都未脱钢笔之原型，其使用技术也类似钢笔，这些都可以作为我们写生、创作时有益的补充，不必太过苛求。各种画笔所绘出的线条，无论清秀流畅、还是朴拙枯涩，只求满足画面需要，成一画之性格，凡使物象得之于心，应之于手者，皆为利器（图1-1）。

## 二、建筑钢笔速写的作用及意义

　　钢笔是一种实用、便捷的书写工具，也是设计师用来搜集素材、绘制草图和设计创作的最基本的绘图工具。因此，对设计师来说能画一手漂亮的钢笔速写是至关重要的。说它重要，不仅是因为工具的简单实用，更重要的是因为它的表现形式非常灵活多样，而且表现力非常强，可以绘制出各种各样的画面效果。钢笔线条的特点是：对物象的表达清晰而肯定，爽快而直接。在具备了坚实的造型能力和一定的设计理念，并掌握基本的透视原理之后，再经过一定的速写训练，即可以用线条较为准确地表达建筑形态特征和内部结构，也可以很好地表达设计意图和记录建筑场景，为创作收集素材。因此，建筑与钢笔速写有着不解之缘，大凡设计师都是以速写作为表达设计思想和提高艺术修养的基本手段。

设计师可以用清晰的线条直观地再现头脑中的创意和构思，描绘在纸上以后再分析、比对存在的问题并加以修改，经过反复的推敲使方案更加完善。钢笔速写除了作为一种设计手法之外，还可以作为设计的快速表现形式，即是在钢笔速写的基础上简单施以色彩，进一

图1-2、图1-3 作为独立的设计稿（伍华君）

步体现出材料质感和环境气氛。因此钢笔速写是学习建筑设计、环艺设计的重要基础课程，对于后续专业课程的学习及将来从事的设计工作都具有非常重要的作用。当你对钢笔速写掌握得驾轻就熟、得心应手的时候，你的钢笔速写便不再只是简单的设计草图，而是具有了独立的审美价值的建筑速写作品，这是多么令人欣喜的事情。

## （一）作为独立的设计稿

运用钢笔清晰的线条勾画出建筑的轮廓和结构，再运用疏密不等的排线绘制出建筑的重量感和层次感，同时注意构图、透视、比例等因素，明暗变化要有层次感和节奏感，所绘制的图形同时便具有真实性和艺术性（图1-2、图1-3）。

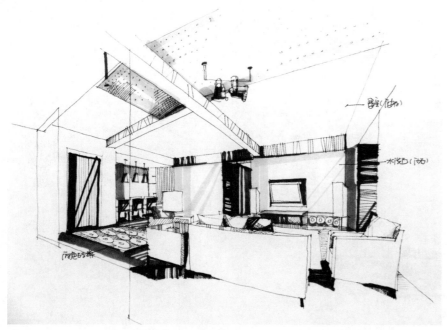

图1-4、图1-5 作为快速表现图的草稿（章乐）

## （二）作为快速表现图的草稿

在钢笔线描稿的基础上简单着色，常用工具有马克笔、水彩、彩色铅笔等，也可以通过数码相机或扫描仪输入到电脑中用Photoshop进行上色。这就要求钢笔稿要力求用笔清晰、线条流畅、轮廓分明，为后面的淡彩着色留有余地，做到"笔不碍色、色不碍笔"，使两者相得益彰（图1-4、图1-5）。

## （三）作为具有独立审美价值的钢笔速写作品

　　不要只把钢笔速写作为简单的草图设计，一幅好的钢笔速写也会是一幅优秀的艺术作品，这既是对作品的要求，也是对自己创作态度的严格要求（图1-6、图1-7）。

图1-6、图1-7 作为具有独立审美价值的钢笔速写作品（刘甦）

### 三、建筑钢笔速写的工具及材料

建筑钢笔速写是通过点、线以及不同的排线组织，来塑造不同的建筑景物。有单纯的勾线，着重体现建筑物的结构特征；有的以排线为主，着重表现建筑物的体块感和空间层次等。钢笔画工具简单，用线肯定，对比强烈，且有利保存和印刷，但画错不便修改。无论是什么画种或采取什么样的表现形式，都应熟练地掌握其工具和材料的性能，并驾轻就熟，这样才能更好地表达画者的绘画意图，达到更好的效果，使作品更完善、更具感染力。

#### （一）钢笔与美工笔

钢笔是人们常用的书写和绘画工具，尤其适用于速写的表现。钢笔笔尖坚挺精致，画出的线条挺拔有力且富有弹性，营造出的画面效果细致深入。

美工笔是在普通钢笔的基础上改制而成的，其笔尖呈弯曲状态，画出的线条随行笔的方位不同可粗可细、丰富多变，极具力度感和厚重感，更适合线面结合的表现形式。但美工笔不太适合吸水性强和表面粗糙的纸张，因为这种纸影响其流畅性（图1-8）。

图1-8 钢笔与美工笔　　　　　　　　图1-9 针管笔与中性笔

#### （二）针管笔与中性笔

针管笔是从事建筑设计和环艺设计等专业的人员常用的制图工具，也称为绘图笔，分注水类和一次性两种，有粗细不同的型号。注水类针管笔的笔尖是由粗细不同的微细钢管制成，画出的线条匀细流畅，有很强的装饰美感，尤其适合画面的精细刻画，由于构造特点，使用时笔尖应尽量垂直于画面，否则极易划伤纸面，使纸纤维堵塞笔尖。根据本人多年的作画经验，可将新买的针管笔在极细的砂纸或玻璃黑板上，使笔杆呈40°左右的角度，之后均匀转动笔杆细细摩擦笔尖，使其棱角变圆滑，经过这样处理，针管笔就会非常好用，且任意角度行笔都会流畅。一次性针管笔画线顺畅而不流滑，国画中叫"能留得住笔"，也是较为理想的速写工具。

中性笔是目前最为流行的书写工具，特点是线条灵活、富有弹性、价格低廉，还可根据自己的习惯随时更换笔芯，型号从0.38～1.0不等，作画时可根据前后景物或主次的不同来选择笔的粗细（图1-9）。

图1-10 马克笔与软笔

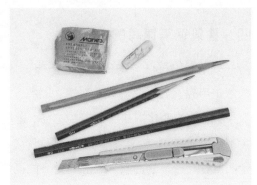
图1-11 铅笔橡皮

## （三）其他各种笔

钢笔画的概念不仅仅限于钢笔、针管笔、中性笔等所表现的作品，钢笔速写仅是个名称而已，它的范围较为宽泛，如圆珠笔、记号笔、签字笔、马克笔、宽头笔、软性尖头笔等所表现的作品都属于钢笔速写的范畴，并且还可以几种工具综合使用，当然色调都应为黑色。另外铅笔和橡皮的准备也是必须的，尤其是初学者，在钢笔落墨之前，最好先用铅笔简单勾画一下轮廓作为参照，它的好处是便于修改，待水平渐渐提高后可抛开铅笔（图1-10、图1-11）。

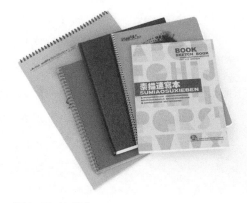
图1-12 速写本

## （四）速写本及纸张

画钢笔速写，纸张的选择也是非常重要的，不同色泽、不同质地、不同肌理的纸张会呈现不同的效果。钢笔画用纸最好选择质地比较厚实而平整光洁的纸张，不可用洇渗的纸张，这种质地会使行笔艰涩，缺乏利落流畅感，当然也不宜用太光滑又不吸水的纸张，如铜版纸，这种纸张笔迹不容易挥发，很容易弄脏画面，而且画出的线条浮滑轻飘；一般常用绘图纸、素描纸、卡纸、复印纸等。用白纸作画黑白对比强烈，画面效果清晰明朗；使用浅的有色纸作画，画面沉着优雅，在有肌理的古旧色纸上特别适合表现墙面斑驳的老房屋，画面给人一种沧桑的岁月感。画者可以根据不同对象和所要表现的意图来选择纸张。

图1-13 墨水

各类素描速写本都适合钢笔写生，而且体积小、重量轻、携带方便，是外出写生的理想用纸。最常用的有8开、12开、16开等速写本，还有较小的，如32开、64开，适合在较短的时间内做简单记录，作为搜集素材或画一些细小的建筑局部（图1-12）。

## （五）墨水

使用自来水钢笔（包括美工笔）会用到墨水，一般选择国产碳素墨水就可以，上海产"英雄"牌和"奥林丹"牌都是不错的品牌（图1-13）。

### 四、建筑钢笔速写的特点

线条是钢笔速写的主要表现手段，也是最基本要素。尽管是硬笔，也可以追求线条的丰富变化，通过线条轻重、缓急、浓淡、粗细的变化，构成丰富多彩的画面效果。线条的变化取决于运笔的方法，运笔迅捷就会出现流畅的线条，运笔缓慢就会出现朴拙的线条，运笔时略加颤动就会出现犹如篆书所追求的屋漏痕线条，富有金石味道。线条的曲直、疏密又会造成画面丰富的质感、层次感和节奏感，凡此种种皆可因需要而变。

由于钢笔速写具有的快速和直接性，所以在绘制的时候首先要做到胸有成竹，然后果断下笔，完成的部分若出现失误也不宜重复和涂改，反复重笔会把问题"越描越黑"，本为掩饰反而强化，要知道即使是一个成熟的画家也不可能（也不苛求）每一幅作品都做到笔笔精到。钢笔速写不同于效果图，正是有了这些细小的失误和率性的发挥，才使得速写作品更加自然生动，更加饱含激情。

另外画面应具有的可读性和写实性也是建筑钢笔速写所追求的。可读性（通俗地讲要耐看）即指要表现出建筑作为主体的形体特点、结构穿插、建筑与环境的主从关系等，主次分明、不空洞、有细节，画面才会吸引人；写实性并不是实景的复制，这里所说的写实是相对的，"艺术来源于生活而高于生活"这一真理是永恒不变的（图1-14）。

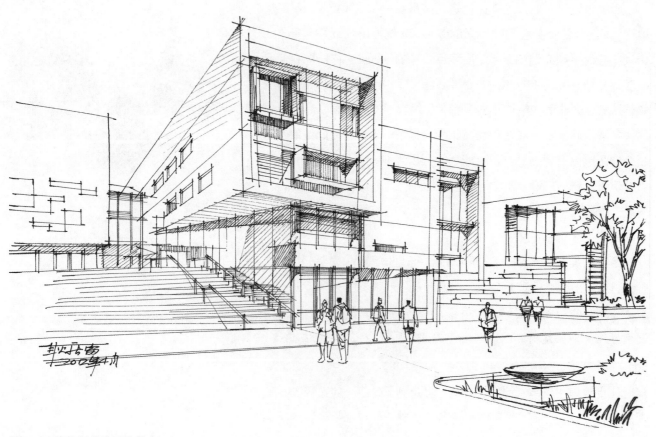

图1-14 建筑钢笔速写的特点

# 第二章　建筑钢笔速写的基础训练

## 一、线条的练习

　　线条是构成钢笔建筑画的基本要素，是建筑画的灵魂。线条的形式有多种，常用的有直线、斜线、曲线、交叉线、自由线等。线条有极强的表现力，不同的线条能体现不同的精神内涵和气质风貌。线条最具有抒情达意的性能，最能契入作画者和欣赏者的心灵深处，这一点在传统中国画用线上是不难见到端倪的。古代画伦常提到的"以书入画、书画同源"的理论，就深刻地说明线条的重要性，并反映出线条具有独立的审美意义，最能代表线条美感的描述是：用线"如锥画沙"、"如屋漏痕"、"如折钗股"。"如锥画沙"就是说用笔如用锥画沙子一样，线条有立体感和厚重感；"如屋漏痕"是指用笔留得住，沉稳不漂浮；"如折钗股"则是圆转的，不是折死的，线条要有弹性。

## （一）线条的排列与组织

　　不同的线条组织可以表现不同的对象，单线条可以表现建筑主体及配景的轮廓，其优势是能明确地体现建筑物的构造及结构穿插。各种排线能更好地表现各物体的体量感、空间感和不同材质的质感。以直线或弧线做一些有规律的排列就形成一个灰面，灰面形成的深浅与线条排列的疏密及线条叠加的层数有直接的关系。弧线排列比直线排列难度要大一些，长线排列比短线排列难度要大一些。竖线与横线交叉组成块面，具有静止、稳定的感觉；斜线重叠、交叉组成的块面富有动感；竖线重叠、横线重叠，有整齐一致的感觉；曲线重叠、交叉有凹凸起伏、活跃的动感（图2-1、图2-2）。

图2-1　各种排线练习

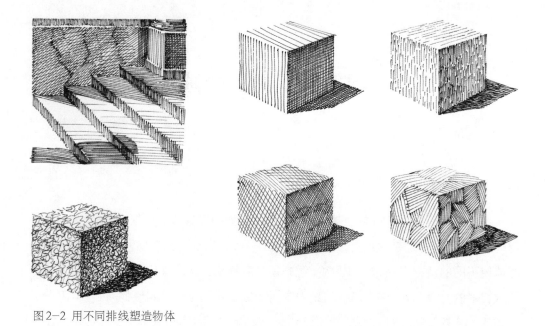

图2-2 用不同排线塑造物体

## （二）线条的个性特征

在使用硬笔画线条时，行笔要自如，状态宜松弛，不同的用笔方法和行笔快慢能产生不同的视觉效果，体现不同的性格特点。在建筑钢笔速写中常用的线条有以下几种。

### 1.紧线

紧线的特点是，用笔快速、果断、肯定，给人以率真、流畅和痛快淋漓之感，犹如风驰电掣的赛车运动。如建筑学、环艺设计、工业设计等专业的方案草图经常运用此线来表现（图2-3）。紧线的运用实例如图2-4所示。

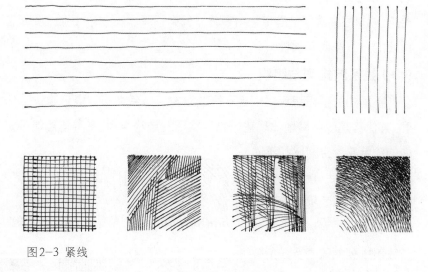

图2-3 紧线

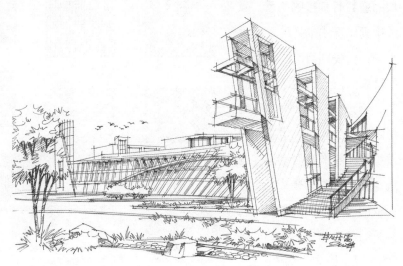

图2-4 紧线的运用

2.缓线

缓线的特点是，用笔舒缓、沉着，借鉴了国画中"屋漏痕"的用笔特点，线性厚重而不漂浮，犹如中提琴奏出的曲子婉转而悠扬，线条有微弱的动感（图2-5）。缓线的运用实例如图2-6、图2-7所示。

图2-5 缓线

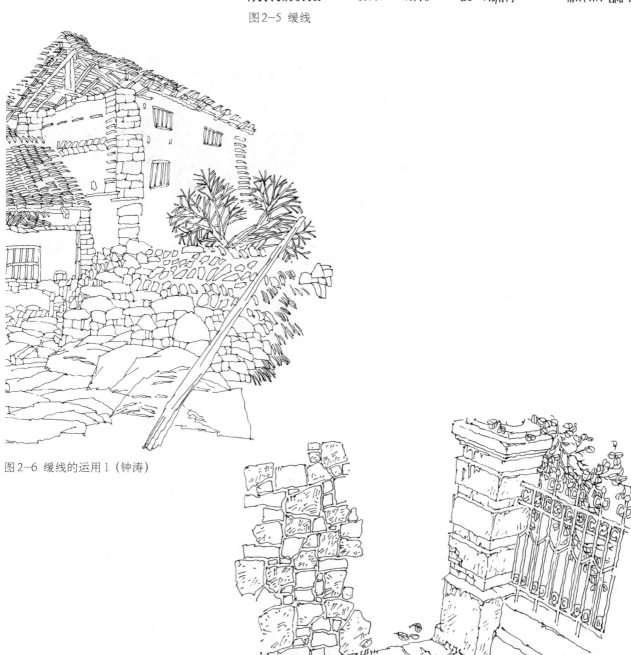

图2-6 缓线的运用1（钟涛）

图2-7 缓线的运用2

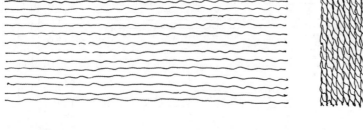

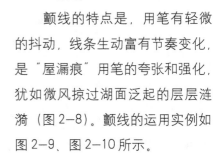

### 3. 颤线

颤线的特点是，用笔有轻微的抖动，线条生动富有节奏变化，是"屋漏痕"用笔的夸张和强化，犹如微风掠过湖面泛起的层层涟漪（图2-8）。颤线的运用实例如图2-9、图2-10所示。

图2-8 颤线

图2-9 颤线的运用1

图2-10 颤线的运用2（王雪峰）

### 4.粗细变化的线

粗细变化的线线条变化丰富、对比强烈，有较强的视觉冲击力，细腻中见豪放，率性中现质朴（图2-11）。粗细变化的线运用实例如图2-12、图2-13所示。

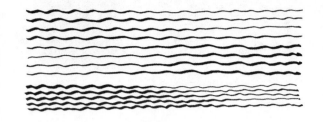
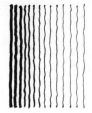

图2-11 粗细变化的线

图2-12、图2-13 粗细变化的线的运用（刘甦）

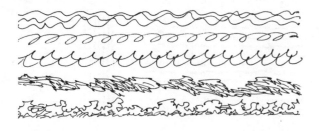
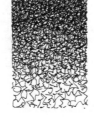

## 5.随意的线

随意线是波浪线、锯齿线、弧线、不规则线等线性的组合,根据不同的形体,随机生发,给人以浑然天成之感,对活跃画面气氛、形成画面动感、体现"速写味道"起到不可或缺的作用(图2-14)。随意的线运用实例如图2-15、图2-16所示。

图2-14 随意的线

图2-15、图2-16 随意线的运用(刘甦)

20

## （三）线条的方向性

　　单纯以勾勒物体轮廓和结构的线形,不存在方向性的说法,但线条运用到具体物体并以此来表现物体的体感时,其方向性才起到它应有的作用。线条排线的原则应以更好地表现物体的结构,遵循透视方向为依据,这样才更有利于表现物体的体量感、空间感及材料质感,画面所呈现的视觉效果才会更自然贴切、合乎情理和富有美感（图2-17）。

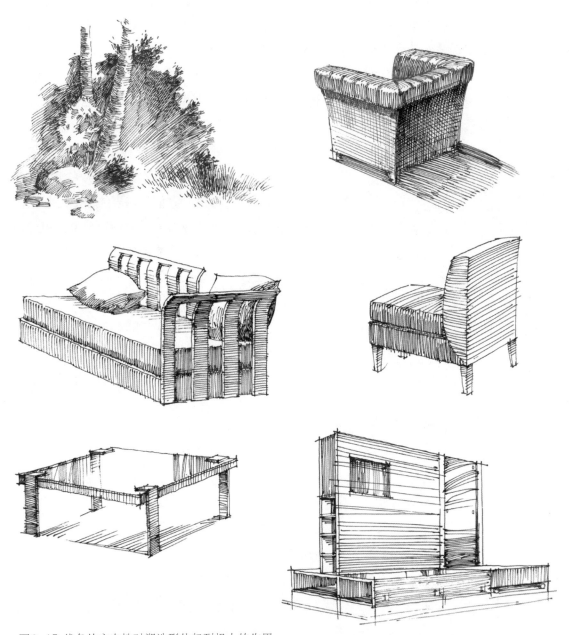

图2-17 线条的方向性对塑造形体起到极大的作用

## 二、透视原理

"透视"一词原是一种绘画术语，它的含义，就是透过透明平面来观看景物，这个透明的面距眼睛的远近就决定了物体在画面中的大小，也即是在平面上研究如何把我们看到的投影成形的原理和法则的学科。物体所呈现的立体三维形态是通过透视的法则来实现的，画家的创作意图、建筑师规划师的设计意图离不开透视法则，当然建筑钢笔速写更离不开透视法则。

表现建筑的空间层次，离不开透视的原理，掌握透视原理是画好建筑钢笔速写的前提，试想一下，如果一个画家或建筑师即便有高超的绘图技巧，线条和细节表现得如何生动，但在透视方面存在很大问题，那么这幅作品也不能算是成功之作。所以说透视对于建筑钢笔速写来说是至关重要的。

学习透视学的目的，不仅是为了掌握通过二维平面图定出视平线，竖起真高，求出三维建筑图的画法，当然在建筑钢笔速写中并不要求说实话也不可能每一条线都符合透视规律，但掌握了这一法则，就可以避免在大的关系上出现失误，即使是出现小的透视问题，也可以因势利导使问题得到及时调整和纠正。学习透视学更重要的是通过透视的规律和法则来指导我们认识事物，通过长期的训练形成一种自觉行为，用透视的眼光来看待我们所描绘的世界，因为仅凭直觉去作画，很容易出现错误。

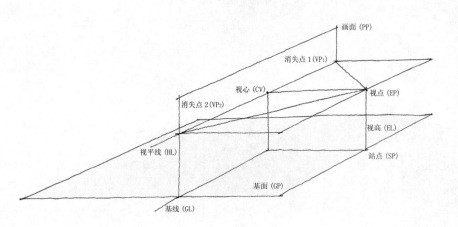

图2-18 透视关系图

透视常用术语：

1.基面（GP）——放置物体的平面，透视学中基面永远处于水平状态；

2.景物（W）——描绘的对象；

3.视点（EP）——作画者观察对象时眼睛的位置；

4.站点（SP）——作画者观察对象时站立的位置，与视点在一条垂直线上；

5.视高（EL）——视点的高度；

6.画面（PP）——人与景物间的假设面，这个假设的面是透明的；

7.基线（GL）——画面与基面的交线；

8.视平线（HL）——观察物体时眼睛的高度线；

9.消失点（VP）——与视平线平行的诸线条在无穷远交汇集中的点，也称为灭点；

10.视心（CV）——由视点正垂线于画面的点（图2-18）。

在运用透视原理来表现建筑场景时,应把以下这几条基本原则铭记于心并贯穿始终

1.近大远小，离视点越近的物体越大，反之则越小；

2.近实远虚，离视点越近的物体越清楚，反之则模糊；

3.由透视产生的消失点在视平线上，并且在一幅画面上，视平线只有一条；

4.消失点可以是一个，也可以是两个或三个，这取决于作画者的观察角度。

## （一）一点透视

一点透视也叫平行透视。以立方体为例，从正面去看它，物体有两个面平行于画面(PP)，而其他四个面垂直于画面。平行于画面的这两个面上的线，水平线依然保持水平，垂直线依然垂直；只有与画面垂直的所有平行线的透视交于一点，这一点在视平线上（图2-19～图2-21）。

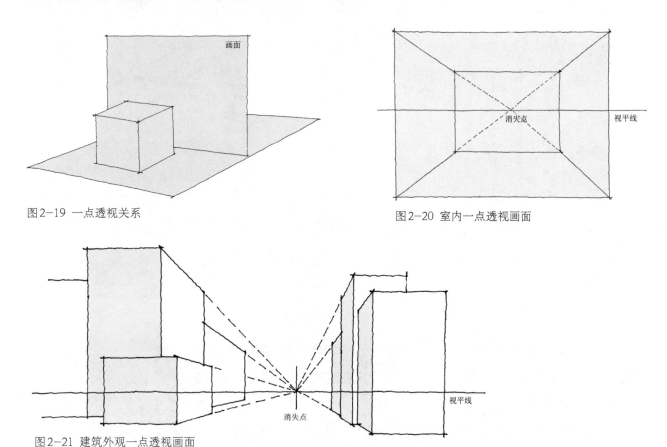

图2-19 一点透视关系

图2-20 室内一点透视画面

图2-21 建筑外观一点透视画面

用一点透视可以很好地表现出建筑物的远近感和进深感，透视表现范围广，适合表现庄重、稳定的空间环境。但不足之处是，容易使空间显得呆板，在建筑钢笔画中，一点透视更常用于表现室内空间，因为它可以使三个垂直界面（一主两辅）得到很好的展现。在室外空间中，常用来表现中间为路面两侧为建筑的街景和宽阔的广场。一点透视消失点位置的选择非常重要，因为消失点的位置意味着所有建筑物的纵向线都交于这一点，这一点往往便成了画面的焦点，成了视觉的中心。

用一点透视作建筑写生，在考虑好取景范围后，须先用铅笔在画纸的合适位置画出一条视平线，然后再找出视心并通过它画一条垂直线，两线的相交点就是消失点，所有面向画面的纵向线都交于这一点。

更浅显更容易理解的方法就是：在你眼睛（视点）以上的纵向线往下斜，并且高度越高，斜度越大；反之，在你眼睛以下的纵向线往上斜，越低斜度越大；离眼睛越近的纵向线越平缓，当近到和眼睛同等高度，所有纵向线便成为水平线（图2-22、图2-23）。

消失点　　　　视平线

图2-22-1

图2-22 室内一点透视的运用（陆守国）

图 2-23-1

图 2-23 建筑外观一点透视的运用

### （二）两点透视

两点透视也叫成角透视，即建筑物的各个面都不与画面（PP）平行，而是成一定角度，各个面的平行线分别消失在视平线的两个点上，即有两个消失点（图2-24～图2-26）。

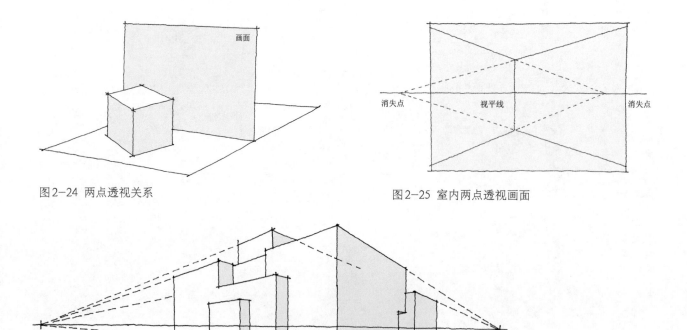

图2-24 两点透视关系

图2-25 室内两点透视画面

图2-26 建筑外观两
点透视画面

用两点透视来表现建筑场景比较灵活、自由，所反映的空间接近人的正常感受，真实感更强。这种透视能反映建筑单体两个面，通常处理成一面（主立面）受光，一面（侧立面）背光，具有很强的立体感，因此，这种透视法比较适合室外的建筑表现，但角度和视距的选择也非常重要。一是切忌两个面的角度过于接近易造成平均，缺乏主次之别，再是视距的选择（站点离建筑物的距离）要适中，太近则视点的张角过大，建筑物容易产生变形，造成失真；太远则建筑物的透视线过于平缓，会削弱建筑主次和立体感的体现。通常选择站点的距离是建筑物长向距离的1.5～2.0倍之间较为合适（图2-27～图2-29）。

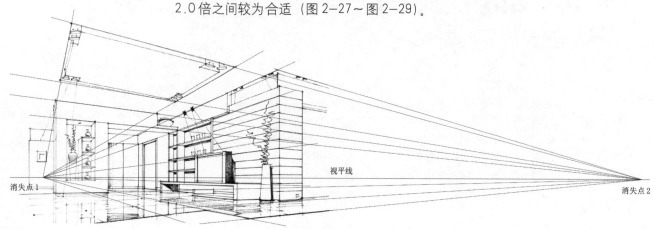

图2-27-1

图 2-27 室内两点透视的运用

（章乐）

视平线

消失点

延伸至消失点

图 2-28-1

图 2-28 建筑外观两点

透视的运用 1

图2-29 建筑外观两点透视的运用2

## （三）三点透视

三点透视建筑物的三组透视线均与画面成一定角度，三组线分别消失于三个消失点，也称斜角透视。三点透视有仰视和俯视两种。三点透视与一点透视和两点透视相比，表现起来有一定难度，所以较少运用。这种方法多用来表现高层建筑，以显示其高大挺拔的性格特点或表现较大场景的鸟瞰环境，如城市广场和居住小区以求更直观地展现其楼群、道路、绿化等关系（图2-30～图2-33）。

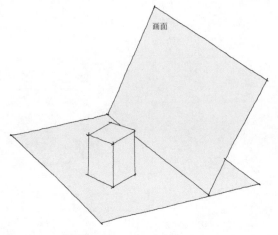

图2-30 三点透视画面

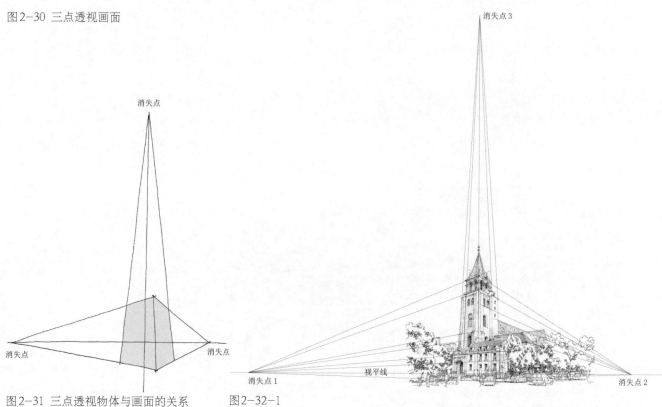

图2-31 三点透视物体与画面的关系

图2-32-1

图2-32 三点透视的运用1

图2-33 三点透视的运用2

## （四）圆形透视

在建筑画中圆形透视也是经常见到的，如圆形
的拱门、圆柱、餐桌等，其透视画法，可以用正方
田字形来确定圆的透视。当圆的物体正对画面时为
正圆形，当圆的物体与画面不平行时因透视关系而
形成椭圆形。竖向的圆形截面距离视平线越近，其
形越窄，反之越宽（图2-34～图2-36）。

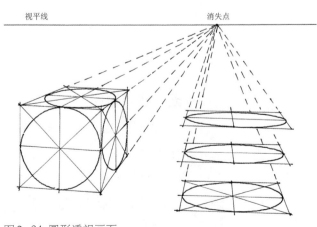

图2-34 圆形透视画面

图 2-35、图 2-36 圆形透视的运用（伍华君）

## （五）散点透视

　　散点透视是一种无固定视点和视平线的透视画法。也是中国山水画构图常用的手法，无论是立轴式山水画或手卷式山水画中，你几乎感受不到视点的具体位置，层层叠叠的山峦，就好像是一幅平面式展开图。作为点景的房屋无论是处在山峰的最高处，或是山脚的最低处，没有明显的俯仰变化，即便有，也是带有装饰性的轴测图（即物象所有的进深线都是平行线，不会交于一点或两点）形式。若是按真实性的透视法则来要求的话，

图2-37 石梁古寺实景

令一代宗师张择端也会无所适从，而其彪炳千秋的垂世之作《清明上河图》，与我们就无缘相见。这和东西方传统文化差异有直接关系，中国画讲求"以形写神"，追求"妙在似与不似之间"的境界，是抒写胸中丘壑的意境美，不在乎笔下的物象是否符合客观的真实。恰恰相反，西方的风景画追求客观的真实再现，讲求"以形写形"，无论在造型上还是在色彩上，讲求科学，富于理性。有人说，西洋画是"再现的艺术"，中国画是"表现的艺术"，是不无道理的（图2-37~图2-39）。

图2-37:《石梁古寺》的实景照片，画面的左上角为中方广寺，无论视点的远近，都带有明显的仰视张角，不切合中国山水画的构图法则，应尽量把建筑物画得平缓。

图2-38:《石梁古寺》的写生稿，我想采用线描的手法在构图上营造中国画韵味，画面中三处点景建筑（左上角的古寺及中、下部的两幢小木屋）、石梁、石桥、路面等，在表现时均采取了散点透视的画法，即没有固定的、唯一的视平线，当然也可以理解为有多条虚拟的视平线。

图2-38-1 石梁古寺虚拟视平线

图2-38 石梁古寺
的画面表现

图2-39《春山游骑图》(明代、周臣)

图2-39:《春山游骑图》是明代山水画家周臣的代表作,画面构图恢宏雄伟,空间层次丰富而深邃。中间河流、沙渚、木桥、丛林,峰峦峻厚,冈峦环抱处坐落山斋小院,主人端坐室内,木桥上有客骑马走向院门,从而点出主题。画面上中下三处点景房屋均采取了较为平缓且略带俯视的轴侧图来表现,与山峦浑然天成,不显丝毫不妥,正是符合了中国山水画的审美习惯。

### (六)人物及车辆的透视

在建筑钢笔速写中人物与车辆往往是作为画面的配景、点景来表现的,但是它们起的作用却是不容忽视的,它们不仅能起到烘托和活跃画面的作用,而且还能起到增大或缩小建筑体量的作用,这话听来似乎过于夸张,但并不言过其实,人和车辆的大小和高度最被人们熟悉,所以观画者对于画面中所表现的建筑物的大小会不自觉地同人物和车辆去比较,人物太小会显得建筑物太过夸张使人有一种被压迫的渺小感,缺乏亲和力,相反,配景过大,会显得建筑物像微型景观,似到了"世界之窗"。所以人和车辆在画面中的位置、高低、大小是非常重要的。

人物在画面中的高低、大小与视平线有直接的关系,如果画者是站在地上写生建筑场景(在三维建筑效果图中是最常用的视点高度),人物的高度也最好控制,因为所有在这一地平上的人物其眼睛的高度正好在视平线上;同样,如果画者是坐在小板凳上写生场景,其视平线的高度正好在人的髋部;如果画者是站在高处写生场景,那么所有人物的脸部都在视平线以下,且越接近站点,人物越大,头部显得离视平线越低(图2-40、图2-41)。

视平线

视平线

视平线

图2-40 人物的透视

视平线

视平线

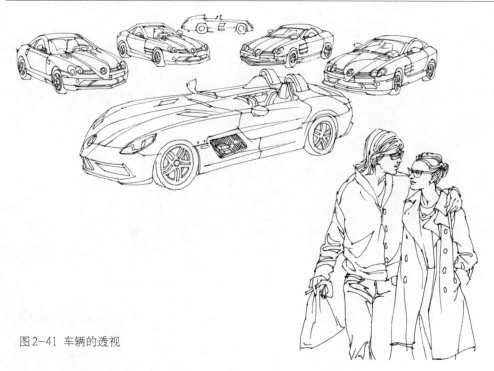

图2-41 车辆的透视

## （七）空气透视法

图2-42：许多人都去过不少的名山大川或乡村民居，当站在某个位置放眼望去，不难发现，最远处的山体只看到剪影式的轮廓线，赶上阴天，轮廓线还会朦朦胧胧、若隐若现，根本看不到山中的房屋和树木；中景的房舍、竹林、裸露的山石才依稀可辨；最近处的房屋轮廓及结构、篱笆墙、菜园才清楚地看到。这是因为空气中含有一定的雾气和微尘，这种近实远虚的处理手法就属于空气透视法。理解了这一方法，现场写生的时候可以根据情况强调远、中、近三个层次的虚实对比度，拉大三者的关系，

图2-42 实景

使表现的场景更具深远感。

    图 2-43：这是婺源理坑初春时节的一个场景，这天天气晴朗，视线的能见度较高，但在表现时也应遵循空气透视的规律，拉大前后空间的层次。

    图 2-44：这幅作品没有按照空气透视法表现，画面给人的感觉平淡拥塞，缺乏主次，空间感弱。

    图 2-45：这幅作品按照空气透视的规律所表现，画面给人的感觉疏朗透气，视觉趣味中心突出，近、中、远景的层次感强。

图2-43 婺源初春实景

图2-44 未考虑空气
透视法的画面

图2-45 考虑空气
透视法的画面

# 第三章　建筑钢笔速写的构图规律

　　构图，是指画面的组织形式，即画者把看到的物象经过筛选、概括和夸张后将其在画面中和谐统一地表现出来，以实现画者的表现愿望和意图，形成一种有意味的形式，而不是依葫芦画瓢盲目地照搬现实。

　　构图的基本要求就是，无论你采取何种表现形式，是线描式，还是体面式，是简练概括的速写风格，还是细致入微的素描风格，最终都要使画面达到协调完整、均衡统一、主次分明的视觉效果，符合最基本的形式美的规律。

## 一、选景与构图

　　当我们置身于城市环境或是乡村民居，会有一种立刻进入状态想写生的冲动，这是一种好的现象，因为这里的景致打动了你，而这也是画好这张画的前提，但是仅有冲动是远远不够的，还要懂得如何来选景取景，我要画什么？该如何画？也就是要做到"意在笔先"。

　　如何来选景取景？在写生时不妨拿先出一定的时间在景物中多去感受，从多个角度去观察，不仅要有整体印象，对一些特殊构造和细节做法也要默记于心。把它们当做朋友，用心去沟通和感悟，对景物认识了解得越深刻，对画面的表达会越充分。在观察的过程中，不仅对整个景区有了一个总括的印象，并且哪几组景物是我下一步要表现的，也有了一个初步的选择，正可谓"磨刀不误砍柴工"。观察的目的是为了选景，选景的过程也就是进行初步构图的过程，当你面对景物坐下来的时候，画面在头脑中的雏形也便产生了。

## （一）角度的选择

　　绘画离不开角度的选择。当我们面对景物，选择好要表现的主题之后，接下来就要考虑该选择什么样的角度。角度的选择对于表现建筑极为重要，同一个景从不同的角度去构图，会产生截然不同的画面效果。我们应该选择有美感又能够打动你、并能充分体现建筑特征的角度加以表现。

　　作画角度不宜选择所要表现主题建筑物的正面或侧面（从属建筑另当别论），因为单个面缺乏层次变化，很难表现其体感；也不宜选择两个立面的中心角，这一正对作画者的中心角与画面形成了两个对称的45°夹角，使两个立面面积接近，缺乏主次，显得刻板；最好是选择主立面占三分之二的角度，把主要精力用到刻画主立面上，画面主次分明、生动活泼。当然，面对不同的建筑还要具体分析，视两个立面的丰富程度来定，切不可生搬硬套，视点的高度也是不容忽视的，是仰视还是平视或是俯视，这些问题都得在动笔之前考虑清楚。

　　下面用两组实例来比较分析同一建筑不同角度的最佳选择。

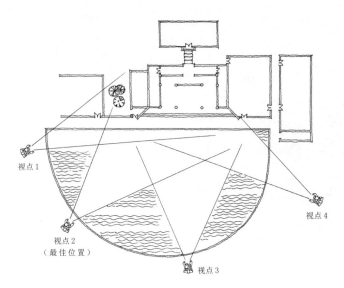

图3-1 "汪氏宗祠"的环境平面图

### 1. 以《宏村月昭的汪氏宗祠》为例

汪氏宗祠也称敦叙堂，它坐落在月昭的南北轴线上。月昭为半圆形水塘，尺度亲切宜人、视野开阔。每到春秋两季，在此写生的学生络绎不绝，是建筑写生的绝佳处。

图3-1："汪氏宗祠"的环境平面图，从四个不同的角度进行观察与比较：

图3-2：为视点1，所选角度以侧立面为主，侧面山墙较平淡，主立面的精彩部位显现不到；

图3-2-1

图3-2-2 视点1实景与写生作品

图3-3-1

图3-3-2 视点2实景与写生作品

　　图3-3：为视点2，所选角度以主立面为主（主立面大概占三分之二的角度），因为主立面的内容丰富，其后汪氏祠堂的主楼也能较好地显现出来，三幢建筑之间不仅有较好的体量比，而且有丰富的高差变化，形成煞为好看的外轮廓，构图饱满、主体突出，是四个视点中的最佳位置；

　　图3-4：为视点3，所选角度完全为正前面，表现的画面显得平板、缺乏变化，建筑之间的深远感难以体现。但在表现庄重、严肃的纪念性建筑的效果图中常选用此种角度；

　　图3-5：为视点4，所选角度接近视点2的镜像（对称）角度，尽管也是以主立面为主，但由于近处高房子的遮挡，完全看不到汪氏祠堂的主楼，并且整组建筑的屋脊和檐口近乎在一条透视线上，所以缺少了图3-3所具有的层次感和外轮廓的起伏变化。

图 3-4-1

图 3-5-1

图 3-4-2 视点 3 实景写生作品

图 3-5-2 视点 4 实景与写生作品

### 2. 以《宏村雷岗山庄十三楼》为例

雷岗山庄十三楼是一处非常幽静的翠竹园，百年古屋掩映在芭蕉、翠竹之间，园内十多米长的藤架走廊上挂满了各类瓜果，还有各式的树桩盆景、石笋、假山、石桌、石凳，像是一个与世隔绝的世界，难怪诗人用"桃源仙境雷岗山，摄魂夺魄十三楼"的佳句来赞美她。

图3-6：此角度是坐在藤架下看十三楼，略呈仰视，左下角石阶踏步的走向把观者视线引向画面主体十三楼，主题突出，层次分明，富有变化；周围环境特点体现得最为充分，"幽"的氛围分明呈现，也是在这幅作品中我最想表达的一种意境；

图3-6-1

图3-6-2 《宏村雷岗山庄十三楼》实景与写生作品

图3-7~图3-9 《宏村雷岗山庄十三楼》各视点实景

图3-7:此角度主体（十三楼门头）被植物过多地遮挡，不够突出；房屋缺少地面的承托，既不完整亦有下坠感；

图3-8:此角度主体尽管突出，但近乎正视，使画面过于平板，缺乏前后空间感；天空与主体房屋上下面积近乎对等，不可取；

图3-9:此角度距离建筑过近，画面沉闷拥塞，缺少视觉趣味中心，构图也不完整。

## （二）构图的安排

构图是表现作品内容的重要因素，在中国传统绘画理论中又被称作"章法"、"布局"或"经营位置"，其含义就是把各组成部分组合、配置并加以整理，构成一个艺术性较高的画面。这就要求我们把构成整体的那些部分统一起来，在画面上对所表现的对象进行组织，把典型化的物象进行强调、突出，舍弃那些一般的、繁琐的东西。要做到有主有次、相互呼应、虚实对比、藏露隐现等，一切服从主题的表现，又要取得整体形式感的完美统一。构图有三个最基本的原则，希望大家牢记：一个是完整，另一个是变化，再一个是层次感。

完整就是要求画面饱满、舒适、形象完整，表现对象不能太大也不能太小，不能太集中和太松散，不能大纸画小画或是小纸画大画。这样都失去了构图的意义（图3-10）。

变化表现为主次分明、错落有致、关联呼应、虚实相生。注意处理好这几个要素，避免呆板、平均和完全对称等问题。要敢于突破前人已有的程式和法则，创造新颖独特的画面效果，要有"画不惊人死不休"的精神（图3-11）。

图3-10 画面的完整性

图3-11 画面富于变化

41

　　层次感是指在建筑速写的表现中尽量使景物有近景、中景、远景的差别，这样便于把握画面的整体感觉，加大画面的空间层次。通常画面的主体安排在中景上，以主体协调近景与远景的关系，从而使主体的形象更突出、更鲜明（图3—12）。

　　当我们确定了主题，选择好作画角度后，下一步就该考虑如何构图的问题，这一阶段是整个绘画创作过程中最具挑战性、最令人兴奋的阶段、也是最劳神的时刻，需要脑神经迅捷地做出合理的判断：这个场景是哪一部分感动了你？该采取横向构图还是竖向构图？主体建筑安排在画面中的哪个位置？应占画面的多大面积？画面配景应包含哪一些物体？画的过程该如何去表现等等，这些都和你要表现的主题有密切的关系。

图3—12 画面的层次感

图3-13-1

## 二、视觉趣味中心的处理

　　每一幅成功的建筑钢笔速写，都应该有最精彩、最打动观者的部分，这一部分就成了整个画面的焦点，是牵动画面各个关系的主体部分，称之为画面的视觉趣味中心，或称为视觉焦点。在一幅画中视觉趣味中心的选择和处理不可太多，最多不超过两个（两个之中也有主次之别），多则散，也便没有了焦点。趣味中心往往也是构图的中心，在作画顺序上首先要考虑好它的位置，然后再考虑次要物体与之相配衬，后者是一种揖让的关系。没有视觉趣味中心的画面，会给人以平淡、散漫、缺少生气的感觉。

　　图3-13：是非常著名的新天鹅堡，它是德国的象征，白色的城堡耸立在高高的山上，被群山和湖泊环绕，一年四季，风光各异。城堡的外形很独特，激发了许多现代童话城堡的设计灵感。

图3-13-2 新天鹅堡

实景与写生作品

写生作品场面较大,我把整个画面裁切了三部分,视觉趣味中心的位置也有所改变,经过裁切的小图都可以成为完整、独立的画面。借此说明构图有很大的灵活性(图3—14)。

图3-14-1 裁切边线示意

图3-14-2 裁切后的小图(1)

图3-14-3 裁切后的小图(2)

图3-14-4 裁切后的小图(3)

要使建筑钢笔速写作品吸引观者眼球，使主题醒目，强化作品的视觉冲击力，通常有以下处理手法：

1.避免视觉焦点与其周围物象重叠而导致二者含混不清，可采取周围物象空白或简化处理的办法，强化趣味中心；

2.通过光影的变化强调主体物，从而强化趣味中心；

3.采用不同型号的笔，呈现不同粗细的线型，达到强化趣味中心的目的；

4.将主体建筑物进行重点刻画，与背景形成强列的对比，以形成趣味中心；

5.通过路面的方向、人物及车辆的朝向、植物的排列等，把人的视线引向趣味中心。

## 三、常用的构图形式

### （一）九宫格构图

九宫格构图（也叫三分法构图）属黄金分割比的一种形式，即以"井"字的形式将画面纵横分成三份，形成九个相等的方块，井字的九个交叉点就是主体的最佳位置。一般认为左上方的交叉点最为理想，其次是右下方交叉点，但也不是一成不变的。这种构图形式较符合人们的视觉习惯，使主体自然成为视觉中心，具有突出主体，并使画面趋向均衡的特点（图3-15、图3-16）。

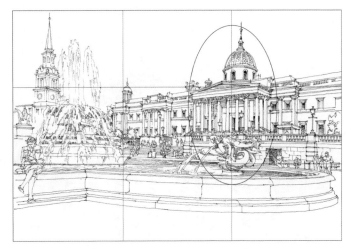

图3-15-1

图3-15 九宫格构图1

图3-16-1

图3-16 九宫格构图2

## （二）水平式构图

水平式构图指建筑景物呈水平线排列，没有强烈的起伏。这种构图的特点是，视觉上横向拉伸，有一种和谐明快、视野开阔、畅达旷远的平远景象。其缺点是缺乏视觉冲击力，显得呆板，可通过配景的点缀来增强画面的变化（图3-17、图3-18）。

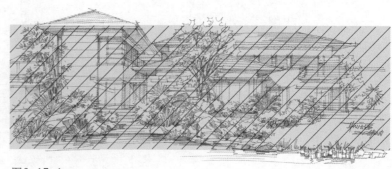

图3-17-1

图3-17 水平式构图1

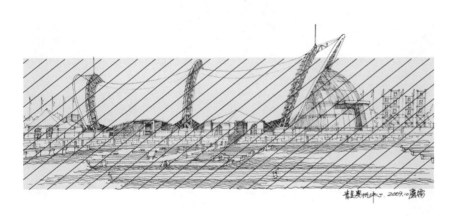

图3-18-1

图3-18 水平式构图2

## （三）纵向式构图

建筑景物呈纵向式，以竖向线形构成画面，视觉上纵向拉伸，给人一种沉着、稳定、挺拔的感觉（图3-19、图3-20）。

图3-19 纵向式构图

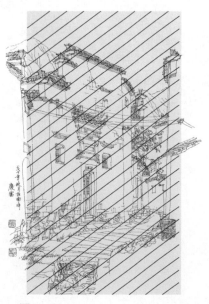

图3-19-1

图3-20-1

图3-20 纵向式构图2

图3-21-1

## （四）满构图

顾名思义,就是在纸上全幅描绘和安排景物的构图形式。是对传统中国画所讲求的起承转合、一坡两岸、留天留地等构图形式的一种全新的变革。惟其如此,满构图才显现出它不拘一格的新鲜感。其特点是画面内容丰富、饱满,给人以比载万物、蓬勃大气之感。

采取满构图形式对于度的把握非常重要,处理不好会使画面有一种沉闷、拥塞之感,既要做到大面积的"密不透风",也要考虑到小面积的"疏可跑马",此时,小面积的留白也就显得愈发重要,其大小、形状、位置都要深思熟虑（图3-21、图3-22）。

图3-21 满构图1

49

图3-22-1

图3-22 满构图2

## （五）A 形构图

以A字形的形式来安排画面的结构。A字形构图具有极强的稳定感，具有向上的冲击力和强劲的视觉引导力。可表现高大建筑物或自身所存在的这种形态，如果把重点表现对象放在A字顶端处，就形成强制式的视觉引导，不想注意这个点都不行。在A字形构图中不同倾斜角度的变化，可使画面产生不同的动感效果，而且形式新颖、主体指向鲜明（图3-23、图3-24）。

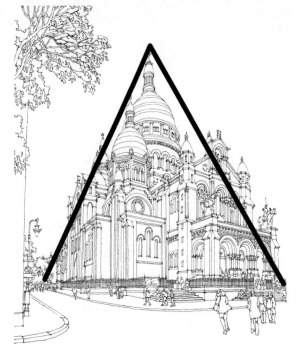

图3-23-1

图3-23 A形构图1

图3-24-1

图3-24 A形构图2

图 3-25-1

图 3-26-1

图 3-25 C 形构图 1

### （六）C 形构图

C形构图也称环形构图。这种构图形式有一种曲线美的特点，画面简洁明了，在稳定的同时又充满动感。C形构图可以在方向上任意调整（图 3-25、图 3-26）。

图 3-26 C 形构图 2

图3-27-1

图3-27 S形构图1（孙彤彤）

图3-28-1

**（七）S形构图**

在S形构图的画面中，优美感得到充分的发挥，这首先体现在曲线的韵律美感上。S形构图动感效果强，既动且稳。一般情况下，其优美的线形都是从画面的左下方向右上方延伸（图3-27、图3-28）。

图3-28 S形构图2

54

## （八）边角式构图

边角式构图也称对角式构图,是以三点成一面的斜三角形安排景物的位置,将其安排在画面的左边或右边,形成一头沉的画面效果,若处理不好会给人一种失衡感。其特点是序列递进、动感较强、构图险峻（图3-29、图3-30）。

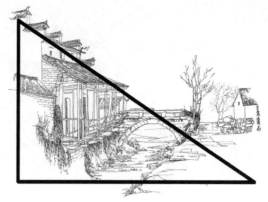

图3-29-1

图3-29 边角式构图1（孙彤彤）

图3-30-1

图3-30 边角式构图2

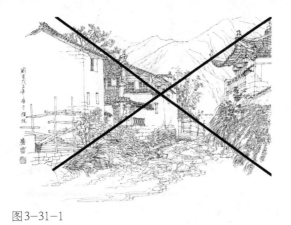

图 3-31-1

图 3-32-1

图 3-31 米字形构图1

### （九）米字形构图

米字形构图具有很强的向心感，物体的边线呈向外放射状。其特点是视觉集中、焦点突出、平衡均齐（图 3-31、图 3-32）。

图 3-32 米字形构图2

## （十）框景构图

框景构图是一种非常有意味的构图形式,即以近景建筑的某个中空部位(如门洞、漏窗、柱廊等)作为取景框,有意识地把观画者的视线引入其中,框中物体自然便成了画面的视觉趣味中心,并对其进行具体深入的刻画。而对于作为框景的建筑构件则进行概括处理,加强二者的详略或明度对比关系,若平均对待,则索然无味达不到意想的效果（图 3-33、图 3-34）。

对于建筑钢笔速写构图的研究,实际上就是对形式美法则在画面中具体结构呈现方式的研究,诚然,经典的形式结构是历代艺术家通过绘画实践总结出来的经验,适合于人们共有的视觉审美经验,是审美实践的结晶。然而表现形式不是绝对的,它只能提供给我们在表现形式上的帮助和参考,对我们的绘画表现形式会产生积极作用。

构图形式的多样性,也反映了艺术表现形式的多样性,对艺术而言,没有绝对的标准可以衡量,每个作画者可以将法则铭记于心,但更重要的是要根据不同的实地感受,来确定画面的基本构图形式。对于这些法则,我们可以打破,可以去创新,"不破不立",前人也是在不断超越他的前人基础上而发展的。当你面对一张白纸去构图时,主宰你的人只有你自己。

图3-33-1

图3-33 框景构图1

图3-34-1

图3-34 框景构图2（齐康）

### 四、画面处理的要领

　　概括、取舍、对比是钢笔速写常用的画面处理方法。建筑写生并不要求一味地描摹现实，刻板地再现现实，而需要画者运用一定的处理手法和形式美法则对景物进行艺术处理，把自己的创作意图通过艺术语言传达给观者。这不仅需要有坚实的造型能力，还需要有对画面整体的把握和掌控能力，同时还要倾注画者的感情，这样才能使作品带给人以强烈的感染力。

### （一）概括与归纳

　　自然中的事物纷繁复杂，一瞥之间视线所及的物象尽收眼底，但写生不同于超写实绘画，需要艺术地再现所看到的事物。钢笔速写因为缺少中间层次的描绘，黑白对比强烈，因此，写生的时候要注意概括和提炼。保留那些最重要、最突出和最有表现力的物象，并对其加以强化，而对次要的、纷繁复杂的物象进行概括、归纳，把自然之中的韵致有条不紊地表现出来，避免机械呆板、没有层次感。从而获得韵律感、节奏感，并且更突出主体建筑的造型特征。

概括与归纳作画实例:《簧村小景》(图3-35)。

这组景致为典型的皖南风格民居。作画时把左右两边较高房屋从简处理,把前景中间并不起眼的小木屋作为主景,进行重点刻画(做密处理),添加晾晒的衣服来增添生活情趣。绘画主体的"繁"与陪衬的"简",增加了建筑主体的魅力。实景中近处的缓坡上种满了冬瓜和蔬菜,周围有木篱笆和左倾右斜的晒衣架,坡前堆满杂草,木杆横七竖八,非常凌乱,必须对前景做耐心梳理,重新组织,通过提炼概括,使画面和谐统一,更具整体感。

图3-35-1

图3-35 概括与归纳

## (二)取舍与组合

取舍包含了两层意思,一是"取",二是"舍"。取舍就是提取有意义、有美感且符合构图需要的形象,舍弃与主体无关且对构图造成不利影响的形象,细节的刻画是没有穷尽的,过多的细节反而会消弱画面的艺术效果。比如,主体建筑的前面有一堆杂物遮挡了建筑最美的地方,那么就要毫不吝啬地把它舍去,反之,如果主体建筑前面很空荡,我们就可以环顾周围有没有合适的配景可以添加到画面中(如灌木、花池、石板路面等),但要注意所添加的配景内容、大小比例要和画面整体协调一致,只能是锦上添花,切不可喧宾夺主。

有一个画家卢梭的故事可以很好地解释"取"的意义。卢梭在麦田里画画,后面来了一个路人,对卢梭说:"麦田里并没有一棵树,你是故意编造的吧"?卢梭回答:"那棵树就在我的身后"。

罗丹在雕刻《巴尔扎克》作品,接近完成时,助手对他说:"你雕刻的手部过于醒目了"。罗丹便把雕像的手部用锤子敲掉了。这个故事可以用来说明艺术中"舍"的意义。

取舍与组合作画实例1：《西递街景》（图3-36）。

在画这幅图时，我把中景的两层房屋作为画面的视觉中心，做重点刻画，近景的墙面"惜墨如金"，做大面积空白，以疏衬密，以求更好地突出中景的主体。最近处有一段低矮石墙和一堆木柴，该留谁？舍谁？颇动了一番心思：木柴太靠边缘，对画面不利该舍弃；低矮石墙与房屋缺少关联，显得孤立，决定搭建一木板小棚与窗台相关联，棚下可放置农具和杂物，既合理又美观，增添了画面的情趣。

图3-36-1

图3-36 取舍与组合1

取舍与组合作画实例2：《枕河人家》（图3-37）。

这是婺源一个叫游山的小村子，一条S形小河穿村而过，这里游客罕至，民风淳朴，憨直的村民还没有保护古民居的意识，新建两三层的小楼"点缀"其间，更有别出心裁者，徽派的马头墙配上了欧式的花瓶栏杆和罗马柱，让人忍俊不禁，哭笑不得，而带给我更多的是惋惜和无奈。

选定表现这组景物时，经过观察比较，选择了右边的二层木屋作为主景来表现，但有两个问题需要解决：一是木屋的位置太靠右偏，很难形成视觉中心，需往中心挪移且适当加大并作精心刻画，以突出其主体地位；二是最右边的新建瓷砖小楼，形成了有损画面的"障碍物"，须坚决剔除，但由谁来拾遗补缺，又是一难题，环顾四周，把画面以外的一斜向、背面的宅院门头纳入画面，同木屋互衬互让、相得益彰，共同构成画面的主景。

图3-37-1

图3-37 取舍与组合2

## （三）对比

  对比是绘画中最重要的形式美法则之一，是体现画面艺术趣味的主要因素。若缺少了对比，画面就显得平淡，但对比因素太多也会显得杂乱。在运用对比的时候要注意合乎情理，过分强求的对比会使画面矫枉过正，产生造作的痕迹。一幅表现充分的建筑速写，会有诸多的对比关系，如虚实对比、疏密对比、黑白对比、面积对比、大小、曲直对比等，最主要的当属虚实对比和疏密对比。

  1.虚实对比：在铅笔建筑写生中，我们常用线条的浓淡来体现物体之间的纵深感和前后主次的关系，有明显的前实后虚或前虚后实的变化。但由于钢笔本身的局限（每条线都是相同深浅的黑色），不能体现色调的深浅层次，所以只能用线的轻重、粗细以及繁简来理解和表现这种虚实对比关系。

虚实对比作画实例1:《海信天玺别墅》(图3—38)。

这幅速写的构图借鉴了建筑效果图的常用形式,构图饱满,四平八稳。以线描法画中景别墅,建筑结构的表现清晰明确;用明暗排线法刻画近景的植物,形成较为整体的灰面,以近景植物的"密",衬托中景别墅的"疏";最远处的高层楼房,则采取虚处理,用笔虚淡、点到为止,是比较典型的前实后虚的例子。

图3-38-1

图3-38 虚实对比1

虚实对比作画实例2:《英国城市街景》(图3—39)。

画面采取了虚实对比、疏密对比的手法,街对面的中心建筑为主体,刻画细密详实,而其他的建筑作为配景,用笔简洁、轻快,是比较典型的前虚后实的例子。

图3-39-1

图3-39 虚实对比2

2.疏密对比：中国画常讲"密不透风，疏可走马"，其实强调的就是疏密对比。线条的疏密对比也是建筑速写中常用的技法，疏密程度不同，画面所呈现的明度对比就不同。根据画面的需要，有些物象要化繁为简，甚至只表现其简单的轮廓线，有些物象则需要增加线条的密度。其实，钢笔画也是"挤"的艺术、是对比的艺术，目的是通过以疏衬密或以密衬疏，使物象之间层次分明、形象突出，使画面更具有艺术趣味。

疏密对比作画实例：《篁村农家院落》（图3-40）。

图3-40 疏密对比

钢笔画的"疏密"是指单位面积内线条的密集程度。用线描的手法表现对象时，不管景物如何复杂，只要对它们进行合理的归纳，把疏密关系处理得当，做到以疏衬密或以密衬疏，以其一为主，二者相互穿插，就能把较复杂景物的空间层次有条不紊地表现出来。

3.光影对比：光的产生给自然界带来勃勃生机，由于光的照射使物体产生了受光和背光的变化，同时也产生了阴影。光源的方向、角度、强弱的不同所产生的阴影的长短和深浅也不同，利用光影的变化来刻画建筑物各界面凹凸变化，营造画面对比鲜明的气氛是建筑速写常用的手法。因为建筑景物在阳光照射下，会产生强烈的明暗反差，作画时可利用这点突出建筑的外部特征，丰富界面的变化，若处理恰当会使画面变得更生动、更鲜明、更具立体感和节奏感。

图 3-41-1

光影对比作画实例：《宏村老街》（图 3-41）。

这幅画面采用了光影对比的手法，在表现时注意了以下三点：一是把主要精力用在刻画建筑主体上，加强主体物的明度对比，以突出画面的视觉趣味中心，次要部分宜做简略处理；二是不必苛求阴影的位置绝对准确，因为阴影只是为表现体感服务的，表现时只要明确大致方向、位置、形状即可；三是要明确阴影也属于暗面的一部分，但比暗部略深，虽深也要见层次，切不可毫无变化的一团黑。

图 3-41 光影对比

# 第四章 建筑钢笔速写的配景

　　任何一个建筑物都不能脱离环境而孤立存在.建筑画的配景是指与主体建筑物相陪衬的，对画面起到补充和协调作用的其他景物，是建筑画中不可或缺的一部分。由于对这些物体进行合理有效的搭配，使画面更加生机勃勃、丰富多彩，在一定程度上起到了打破呆板格局、突出建筑个性、深化主体、烘托建筑气氛的作用。

　　值得提醒的是，在一幅完整的建筑钢笔画中，其主体应该是建筑物，最后所形成的画面效果，也应该以建筑物为重点，配景只能给画面起到锦上添花的作用，切不可主次不分或喧宾夺主。在处理画面的配景时，应本着同主体建筑物和谐、自然的原则，表现手法及透视角度同主体建筑要相一致。

　　在处理建筑画配景时，常采用概括、归纳、提炼、揖让等手法。

## 一、植物配景

　　植物是建筑画中最常见的配景,也是较难表现的物体.无论在郁郁葱葱的南方,还是白雪皑皑的北国,只要有阳光、土壤和水分就有这顽强蓬勃的生命,它们是人类的朋友,与人类有着类似的生命历程。植物因气候和生长环境的不同，具有不同的姿态和表情。生长在厚土层的植物多根深叶茂,树干高大挺拔,有舒展之气;生长在土层薄脊的石岭岩罅间的植物多虬枝盘曲,叶疏而枝奇崛,显现出顽强不屈的生命力(图4—1、图4—2)。

图4-1-1

图4-1 南方树
实景与写生

65

图4-2-1

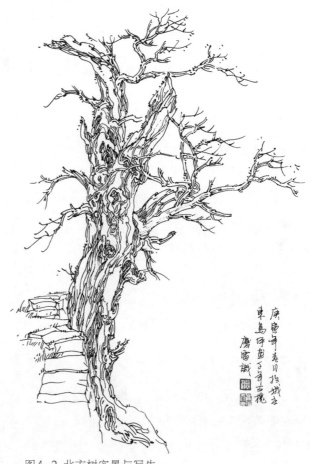

图4-2 北方树实景与写生

图4-3-1

　　总之，钢笔建筑速写中画树是非常重要的一个课题，不同树种的组织、搭配、间隔和不同的表现方法，会使画面产生不同的效果。初学者应从枯树或冬天的落叶树作为练习的对象开始练习，没有叶子的树枝结构清晰、姿态鲜明，容易了解其生长规律与基本结构（图4-3、图4-4）。

图4-3 落叶树实景与写生

图4-4-1

图4-4 枯树实景与写生

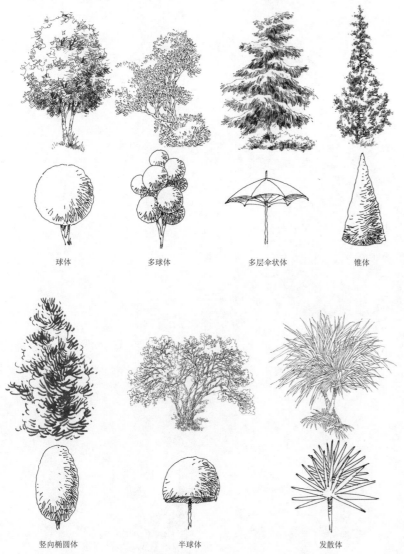

球体　　　　多球体　　　　多层伞状体　　　　锥体

竖向椭圆体　　　　半球体　　　　发散体

图4-5 植物几何形状分析

## （一）树的基本形体特征

画树宜先观察树的整体特征，再观察树干树枝的穿插规律。明代画家龚贤对树的形态特征做了非常形象的描述："画树如人，大枝如臂、顶如头、根如足，稍不合理如不全之人也"。为了便于理解，我们把树以几何形的概念概括为：球体、椭圆体、锥体、半球体、多球体、横向多椭圆体、竖向多椭圆体等（图4-5）。

## （二）树的结构特征

树的种类纷繁复杂，无论其形体结构，还是偏倚、俯仰、顾盼等姿态都不尽相同，如何用钢笔去表现，是我们需要解决的问题。应该先掌握树的基本规律，再找不同树种的个体特征，在同中求异，其特点也就出来了。按树的结构可分为树干、树枝、树叶、树根（图4-6）。

图4-6 树的结构

### 1. 树干

树有独立、并立、丛生等几种情况。树干
由于生长环境及树龄的差异,其树干和树枝的
形态及纹理结构也不尽相同。松树、柏树的树
干相对于柳树、杨树、梧桐的树干更加挺拔苍
劲、倔强而美丽,出枝多折曲横生,状如游龙,
树干纹理也是纽节虬枝、皮苍而古拙;柳树呈
柔软下垂、轻盈飘逸之势;白杨则挺拔直立,
刚健俊俏。

树干的特征可以从树皮的纹理分辨出来,
每一种树皮都有不同的纹理组织。中国画中把
对树皮的纹理表现称为"皴法",如松树皮呈
鳞状,所以也叫"鱼鳞皴",柳树和槐树皮呈
开裂的人字纹,所以称"人字皴",而梧桐树
和杨树皮是横向纹理,称"横皴"。所以在写
生时需认真观察各种树干的不同纹理和形态,
不仅要画出树的结构、纹理,更要表现出树的
姿态美(图4-7～图4-10)。

图4-7～图4-10
树干的实景

树的画法应遵循树的生长规律。树的生长
过程是先长干,后生枝,再长叶,其画法亦应
按此步骤,先画干,后画枝,再添叶,这样容易把握好画面的"势"。粗糙的表皮
用笔多顿挫,光滑的表皮用笔多遒劲。树身不宜太直,太直则显刻板,也不宜太
曲,太曲则软弱无力,其用线妙在方圆之间(图4-11～图4-19)。

图4-11 树干的画法

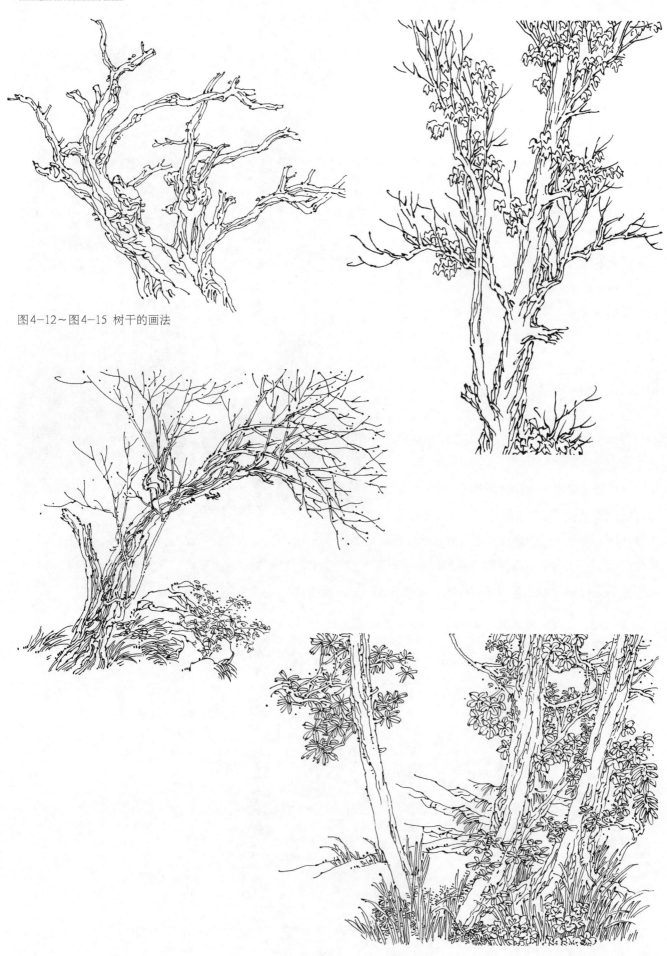

图4-12～图4-15 树干的画法

图4-16～图4-19 树干的画法

2.树枝

　　树枝的结构有向上生长、平生横出、向下弯曲三种情况。在中国画中把向上生长的称为鹿角枝，这种类型最常见，如槐树、梧桐树、樟树等。把向下弯曲者称为蟹爪枝(图4-20)，如龙爪树。把平生横出者称为长臂枝，如松、柏、杉等。前人有"树分四枝"之说，意指树干要前后左右、四方八面地出枝。画树时首先要注意枝干的穿插，穿插能较好地体现出树的空间关系，切忌如同鱼骨，两两并生，缺乏错落的自然美感。其次注意疏密与动势的安排，对太过琐碎的小枝可进行大胆的概括和舍去。然后是注意出枝要果断、劲挺、灵活，不需要每根线都有明确的起止、交接。否则就很难将对象画活，犹如写行草书要有行笔的顿挫和连带(图4-20~图4-32)。

蟹爪枝

鹿角枝

图4-20 蟹爪枝与鹿角枝

图4-21~图4-24 树枝实景

图4-25～图4-28 树枝的画法

图4-29～图4-32 树枝的画法

### 3.树叶

树叶也是构成树之美的重要组成部分，由于四季的更替，形状和种类十分丰富，令初学者无所是从，即便是同一棵树，线描画法与体面画法，也有很大区别。不管画哪一种树，首先要观察叶的形状及排列组合方式，做到心中有大致的了解，再看整体的姿态与感觉，这样表现起来就会从容很多。在近些年的写生实践中，我认为取舍、概括是画树的关键。面对庞杂的不同树种的树叶，一一画之，一是不可能，二是没必要，三是不讨好。有句老话："树叶是画不完的"。可选几种有鲜明特点的叶子着重表现，对一些与画面关系不大的，可大胆舍弃，使几种树木搭配得当，宾主揖让，主次分明。同时还要注意树叶与枝干的关系，

一般情况下，叶属"密"，枝属"疏"。要用密的树叶将疏的枝干挤出来，使二者有深浅层次的变化。另外还要考虑树的外轮廓不要太规整，要有凹凸起伏变化。

图4-33、图4-34 树叶实景

传统中国画中有夹叶法和点叶法，都是前人根据树叶的不同特征，归纳出的较为形象的表现方法，今天我们仍可借鉴。夹叶法（用双线勾）中有介字点、个字点、梧桐叶、椿树叶、枫叶、菊花叶等等；点叶法（用单笔点）中有介子点、个字点、大混点、小混点、梅花点、胡椒点、松针点、横点、垂点等等。当然在表现树木时，不要拘泥于某种勾法和点法，要根据情况灵活运用。除此之外也可用排线的方法来表现其体感，当然还要考虑与建筑的表现风格相一致（图4-33～图4-46）。

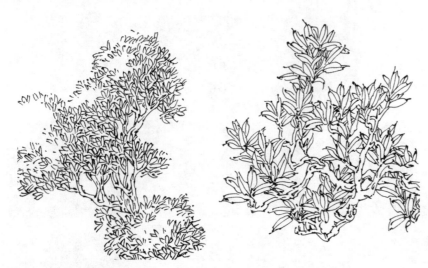

图4-35～图4-37 树叶的画法

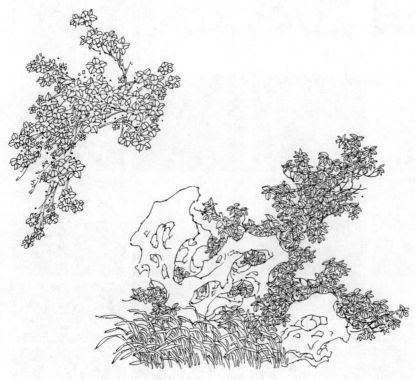

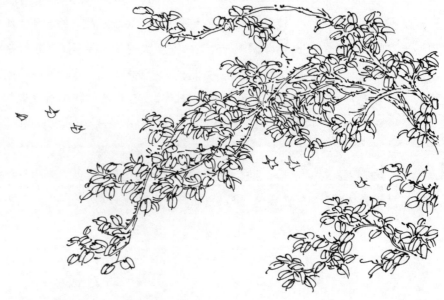

图4-38~图4-40 树叶的画法

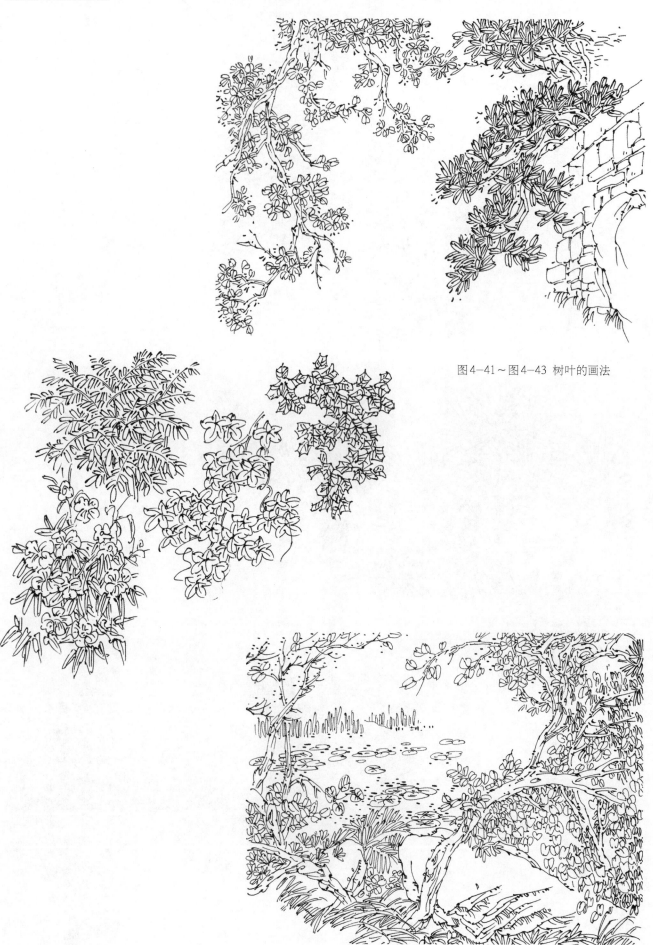

图4-41～图4-43 树叶的画法

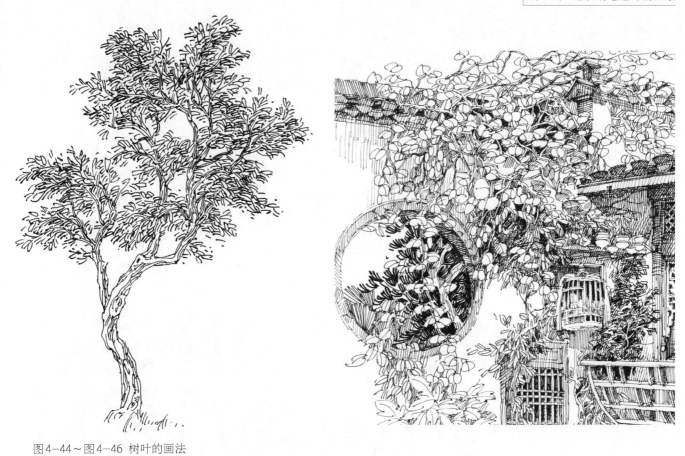

图4-44～图4-46 树叶的画法

#### 4.树根

树根与树干密不可分，画完枝干以后即画根部，露根的多少要根据树的种类、土石的多少、画面的需要而定，通常石多土少的以露根居多，反之则露根少。无论藏根露根都要表现出树根从土中崛起，坚韧稳固的特性，不可画成如插在土面，一推即倒的感觉（图4-47～图4-54）。

图4-47～图4-50 树根实景

图4-51、图 4-52 树根写生

图4-53（严跃）、图 4-54 树根写生

## （三）树的明暗分析

　　树木是一个具有"六向"体面的物体，在阳光的照射下，枝叶繁茂的树冠会呈现明显的明暗体积分布（其形状在头脑中可以归纳为不同的几何形），有很强的立体感。有的树冠形状饱满而整体，对于初学者来说较好把握，而有的树冠形状呈多样几何形，参差错落较为繁琐，这时就要将其归纳、梳理，做到"乱中求整、繁中求简"，通过对对象的明暗分析就能把握好对树的描绘。当然也并不是所有树种都呈现出很强的立体感，如垂柳、合欢、椿树等，但只要是有光照的植物我们都可以用明暗分析的方法来把握其形态（图4-55、图4-56）。

图4-55-1

图4-55　单颗树的明暗表现与分析

图4-56-1

图4-56 一组树的明暗表现与分析

图4-57 照片实景

## （四）树的写生步骤

以《村前的流苏树》为例（图4-57）。

山东峨庄乡土泉村口的这棵流苏树，树龄逾千年，是土泉村的地标，也是村民心中的吉祥树。流苏树树形特点是整齐、端庄、秀美，大枝平展，树冠呈扁椭圆形，树干多疤节，有明显的人字皱纹。

1.根据实景，我着重表现这棵流苏树、近景坡石、山崖下的房屋这三者的关系，大树是主景，先从大树的树干画起，刻画出大树树干的疤节和形体变化的特征美（图4-58）。

图4-58 步骤1

图4-59 步骤2

图4-60 步骤3

　　2.接着画树干的主枝，要表现出主枝从"四面出枝"的左右变化和前后层次，皴纹先不要皴满，为后面调整留有余地（图4-59）。

　　3.把大树其余树干和主枝画完，注意树干的主次、粗细变化和主枝重叠时的揖让关系。为了突显流苏树历经千年的岁月沧桑感，有意将树干加粗、压低，也强化了主枝的平展之势（图4-60）。

图4-61 步骤4

图4-62 步骤5

图4-63 步骤6

4.这一步着重画小枝。小枝是每棵树的亮点也是难点（尤其是落叶后的枯树），单勾的小枝最见功夫，用笔讲求轻、重、急、徐的节奏美和顿挫美，并且要有长短疏密的变化（图4-61）。

5.画近景的坡石与山崖下的房屋。实景中近景的坡石其实就是个平缓而松软的土坡，为了和以圆笔为主的大树形成线形的对比，于是把土坡变成以方笔为主的不规则的青石，用笔坚实肯定。为了突出主体的大树，崖下成片的房屋采取简略的处理，用笔细而轻，目的是与近景的坡石拉开距离。右边中景的小树丛及远山，为了画面的需要完全省略，达到大疏大密的虚实对比效果（图4-62）。

6.调整画面关系，落款完成（图4-63）。

## （五）常见树的画法

### 1.松树

松树是山水画中独具美感的一种树，因为它生命力顽强，表现出挺拔苍劲，顶天立地的气概，常用来象征君子之风度。通过画松可寄寓一种崇高、正直、磊落的襟怀。另外由于它本身独具特色的针叶和鳞状的树皮，其美也就更加出类拔萃了。画松皮要苍劲，毛而不光，忌讳太圆及太规则的排列。松针呈针状，有半圆、圆形、马尾形等多种不同的画法。松针切忌上下对齐，要呈"品"字形交错排列，且要有部分重叠方显生动（图4-64～图4-73）。

图4-68、图4-69 松树的画法

图4-64～图4-67 松树实景

图4-70～图4-73 松树的画法

### 2.柏树

在北方园林中柏树很多，常见的有侧柏、龙柏、刺柏、桧柏。很多古柏都生存了几百年，枝干如绳索盘曲，非常优美，适合用长线皴和牛毛皴来表现。柏树的叶子不像松树叶那么尖利，而是呈团状，显得蓬松柔软，适合用放射状不太规则的小短线来表现(图4-74～图4-79)。

图4-74～图4-76 柏树实景

图4-77～图4-79 柏树的画法

### 3.柳树

古人有"画人难画手,画树难画柳,一画便出丑"之说,画柳树的难点在上仰枝和下垂枝的交接处,也即包含了鹿角枝与蟹爪枝的两种画法。柳树体态婀娜,有向水边倾斜的特点。柳干苍老而柳条柔嫩,画柳条要不露锋芒,笔缓势连,柔中带刚,达到"柳之体轻而神重"的效果。画柳叶可双勾也可点叶,但要蓬松有变化(图4-80~图4-88)。

图4-80~图4-82 柳树实景

图4-83、图4-84 柳树的画法

图4-85～图4-88 柳树的画法

#### 4.竹林

　　竹子在南方的乡村中处处可见，在农家小院中，大多成丛栽植，在起伏山峦中大多见竹林、竹海形态，高低错落，蔚为壮观。画时可先画竹干，枝干略呈弧状，注意疏密穿插。画近景的竹叶可用双勾"个"字和"介"字，要蓬松不可拘谨。画中、远景的竹叶可用短线表现，排列不要太工整，短线的方向要随竹叶的生长规律来表现，在密中求疏，在密中求层次，同时还需要考虑整体之意趣及虚实远近的关系（图4-89～图4-95）。

图4-89～图4-91 竹林实景

图4-92、图4-93 竹林画法——近景

图4-94 竹林画法——中景

图4-95 竹林画法——远景

图4-96～图4-99 南方树实景

### 5.南方的树木

南方的树木生长在亚热带多雨湿润的气候中，多为阔叶和针叶类，有的高大美丽，有的婀娜多姿。如旅人蕉、椰树、棕榈、芭蕉、榕树、铁树、香樟树等，拿钢笔表现这些南方植物，颇有异国情调。画大叶植物，如芭蕉和苏铁，要先从最近的叶子画起，简练而准确地勾勒美丽的叶片，然后由上向下、由近及远依次画出树干、根部和与其相关的叶子，要仔细观察每一片叶子卷曲向上的走势及疏密变化，笔线要轻松自如富有弹性（图4-96～图4-111）。

图4-100 椰树（严跃）

图4-101 凤尾竹（严跃）

图4-102 棕榈树（严跃）

图4-103、图4-104 南方树写生

图4-105 南方树写生

图4-106 棕树（严跃）

图4-107 南方树写生

图4-108～图4-110 南方树的画法

图4-111 苏铁（严跃）

图4-114~图4-116 藤蔓植物的画法

图4-112、图4-113 藤蔓植物实景

### 6.藤蔓植物

藤蔓类植物主要有紫藤、爬墙虎等,常常依附于廊架或墙面攀援生长,有较多的气生根,类似壁虎爪牢牢地吸附在墙面上或砖石的缝隙中。虬枝奇崛,盘根错节,显现出顽强的生命力。树叶均匀而浓密,富有韵律感(图4-112~图4-116)。

图4-117～图4-119 丛树实景

### 7. 丛树

丛树较单棵树的表现有一定难度，既要有高低、疏密的变化，俯仰顾盼的照应，还要有不同树种的穿插、夹叶或点叶的间隔来调节画面的层次。要做到"乱中求整，繁中求简"，突出主体的树，其他的树则概括处理，远处的树需要作陪衬对待。有时候为了突出中景的树，减弱并淡化近景和远景树的层次。根据树木近、中、远三层空间的透视变化进行虚实处理，也是表现空间感的一种方式。画丛树最忌讳单调呆板的排列（图4-117～图4-126）。

图4-120、图4-121 丛树的画法

图4-122～图4-126 丛树的画法

### 8. 灌木

在建筑画的植物配景中，灌木往往由于体量小，不被人们所重视。其实灌木类的植物在画面中所起的作用是很重要的，由于它们细小，在画面中都属于"密"的范围，经常被用来挤出树干、墙面、栅栏之类。灌木大都处在画面的前方，常常起到承托建筑物和烘托画面气氛的作用。画时要注意不同灌木相互间的搭配及外形的错落有致，用笔要虚实相生、疏密相间（图4-127~图4-135）。

图4-127~图4-129 灌木实景

图4-130 灌木的画法

图4-131～图4-133 灌木的画法

图4-134、图4-135 灌木的画法

## 二、人物配景

    建筑钢笔速写应根据不同的场景来安排不同身份、不同动态的人物配景,这样才会使画面更协调。在画面中人物虽不是重点,却可以体现建筑尺度感,起到画龙点睛、活跃气氛的作用。在中、远景的人物表现中动态比细节更重要,对脸部及衣纹的复杂变化可采取概括的处理手法,甚至还可以大胆省略。近处较大的人物可适当描绘五官及衣褶等细节。在建筑速写人物配景的表现中最易犯的错误是:头部画得过大,身长腿短,缺乏臀部。

    在表现众多人物时,特别要注意他们所处的视平线的位置,把握好透视关系,切不可画成不在同一地面上。人物的动态要有主次、疏密的变化,并考虑与画面环境气氛相协调,服饰要与季节和地域相符,使人物配景真正起到烘托环境气氛和画龙点睛的作用(图4-136~图4-140)。

图4-136 人物配景1

图4-137 人物配景2

图4-138 人物配景3

图4-139 人物作为配景在画面中的表现1

图4-140 人物作为配景在画面中的表现2

## 三、交通工具

　　作为建筑钢笔速写配景的交通工具主要有汽车、摩托车、自行车、三轮车等，在表现传统民居的建筑画中还常常会有地排车、手扶拖拉机、农用三轮车等。同样交通工具在建筑钢笔画中也能起到烘托环境气氛的作用，安排得当还能够平衡构图，给画面带来动感。需注意的是交通工具的安排以不得削弱主体为原则，不得喧宾夺主。在描绘交通工具时要注意线条的流畅性及转折处笔性的肯定和顿挫（图4-141～图4-144）。

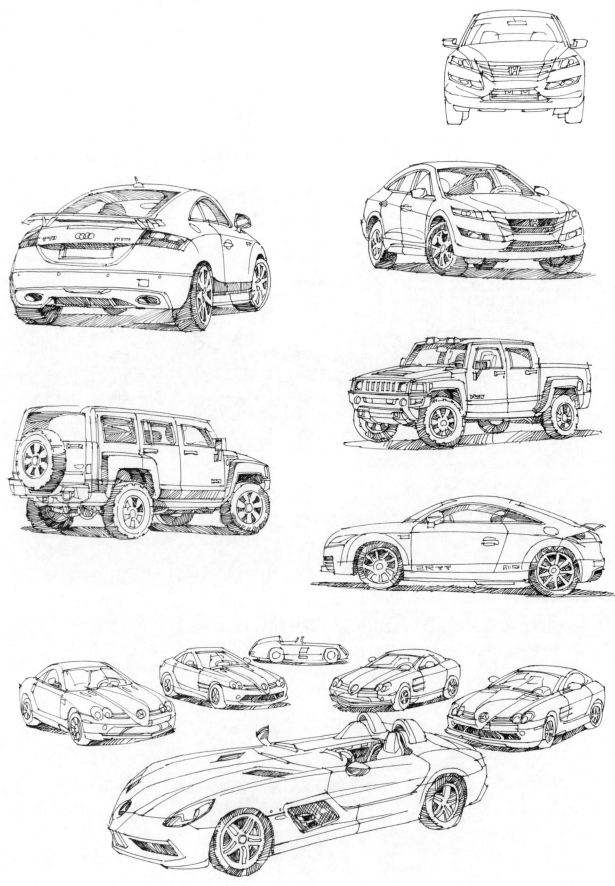

图4-141 交通工具1

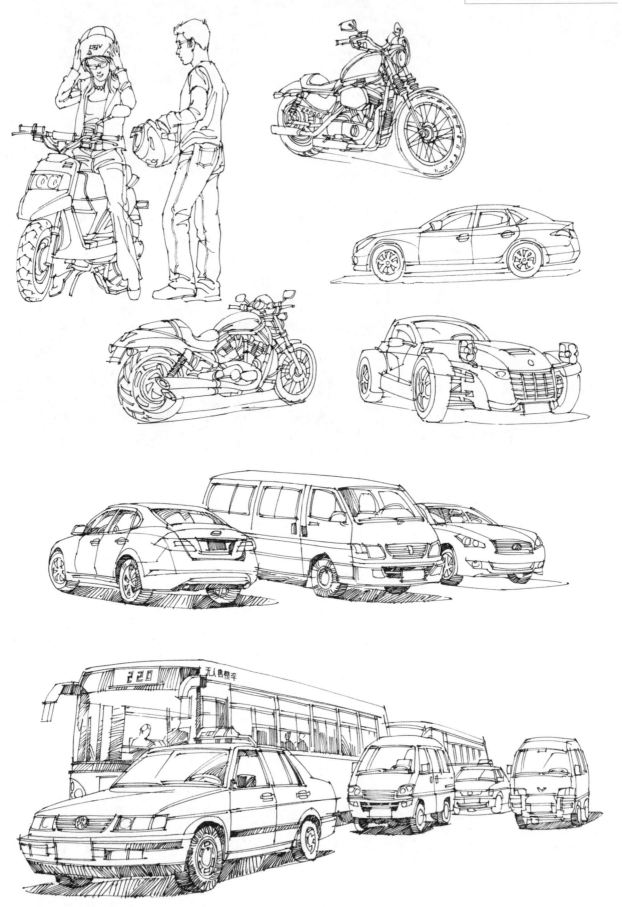

图4-142 交通工具2

图4-143 车辆作为配景在画面中的表现1

图4-144 车辆作为配景在画面中的表现2

图4-145、图4-146 石墙实景

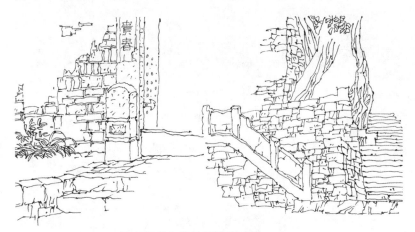

图4-147、图4-148 较为规整砌筑的石墙的画法

## 四、构成画面的其他要素

### 1.石墙的画法

（1）比较与分析

图4-145、图4-146：观察并分析实景照片中石墙的砌筑形式及大小、形状的变化；

图4-147~图4-149：较为规整的砌筑形式，大小均匀；

图4-150~图4-152：较为随意的垒砌形式，大小、形状多变化。

（2）要点提示

石墙分为两种，一种为砌筑的单体石墙，如堤岸、院墙等，这种石墙往往比较随意、大小、形状富于变化，其速写的线形也应与之相协调，用线要灵动、顿挫、自然，注意透视、主次、疏密变化，切不可面面俱到；另一种多为建筑墙体的一部分，或作为坚固的墙基或作为墙面的装饰，这种石墙的砌筑多成规整严谨的形式，线条应以方笔居多，凿痕肌理均匀，有理性之美（图4-153）。

图4-149 较为规整的石墙的画法

图4-150~图4-152 较为随意垒砌的石墙的画法

图4-153 石墙在画面中的表现

### 2.木门及木墙体的画法

（1）比较与分析

图4-154、图4-155：为木门和木墙的实景
照片，观察其式样和构造形式；

图4-156、图4-159：建筑速写中几种木门、
木墙的画法；比较其表现形式的差别。

（2）要点提示

在画中景的木门及木墙体时，不要为其过多
的细节所干扰，要以整体的眼光来对待，把握大
的感觉即可；但在表现近景的木门、木墙时其纹
理质感的表现就尤为重要，先用坚实而肯定的较
长线条表现木质轮廓线及结缝线（有的带有残缺
及破损），再用轻微自由的较短线条勾勒木纹理，
一重一轻、一长一短形成变化（图4-160）。

图4-154、图4-155 木门和木墙实景

图4-156、图4-157 木门和木墙的画法

图4-158、图4-159 木门和木墙的画法

图4-160 木门及木墙在画面中的表现

### 3.瓦片的画法

（1）比较与分析

图4-161～图4-163:分别为皖南民居、苏州园林、北方民居屋面的实景照片，观察比较其搭挂形式和细节做法。

（2）要点提示

南方屋顶的瓦片呈弧形，其做法是一面朝上，一面朝下，两两交错相扣的搭挂形式。普通民居屋顶的檐口处没有特别处理，但讲究的有钱人家、宗祠、寺庙、园林等屋顶的檐口处常常都做有瓦当和滴水。北方民居的屋顶通常用平瓦，瓦与瓦之间有启口相搭接。

图4-161～图4-163 分别为皖南民居、苏州园林、北方民居屋顶的实景

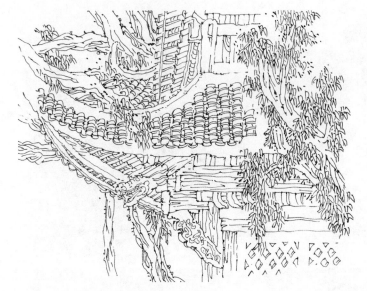

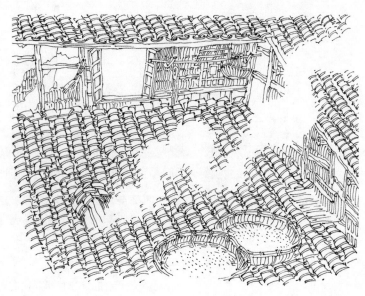

画瓦片时要从最前排的开始画起，用双线画出瓦楞的厚度，从前到后、从近及远有序排列，但不可平铺直叙、面面俱到，在大面积统一中求适当的变化，如在残缺的瓦片中长有杂草，使老房子更显古意；烟囱冒出的炊烟或屋顶有随意放置的砖块、杂物等，使画面散发出浓浓的生活气息（图4-164～图4-169）。

图4-164～图4-166　瓦片的画法

图4—167、图4—168 瓦片的画法

图4-169 瓦片在画面中的表现

图4-170~图4-173 石板路和石阶路的实景

4.路面、石阶的画法

（1）比较与分析

图4-170～图4-173：为乡村民居中常见的石板路和石阶路的实景照片，观察石材形状和铺砌形式。

（2）要点提示

画路面要注意不宜把石头画得太满太实，把握好路中间石板的透视和疏密关系，要大小相间，富有变化；画石阶步道也不宜画得太方正，太正则少野趣；石阶的立面可增加一些斧凿的皴纹，一是与石阶朝上的面形成疏密对比，二是可显出石头的自然美（图4-174～图4-182）。

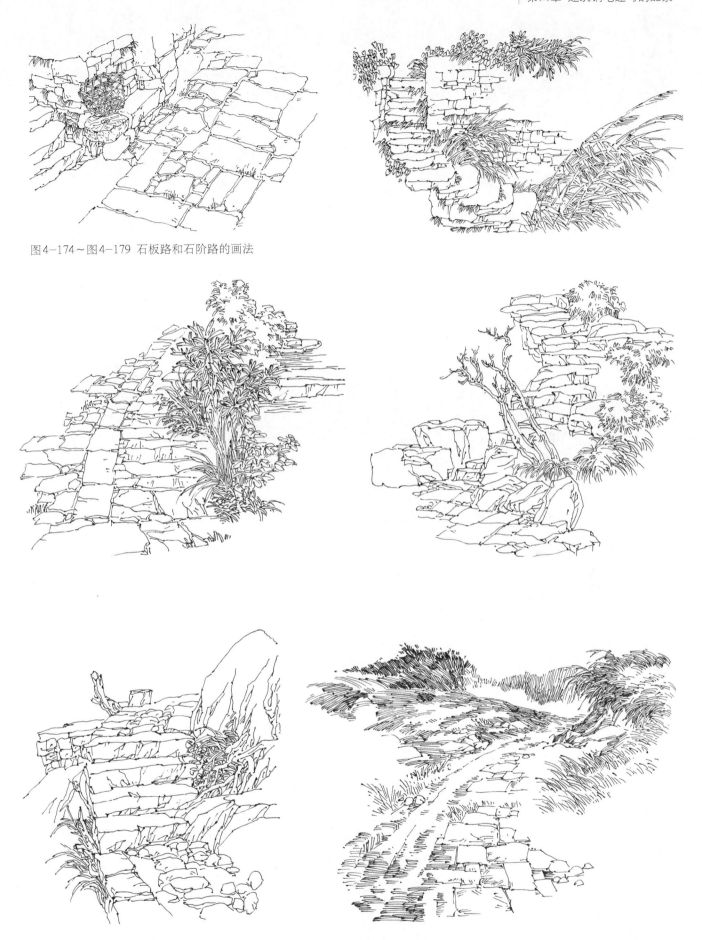

图4-174～图4-179 石板路和石阶路的画法

图4-180、图4-181 石板路和石阶路的画法

图4-182 石阶路在画面中的表现

5.草房、草亭、草垛、柴堆的画法

（1）比较与分析

图4-183～图4-186:分别为草房、草亭、草垛、柴堆的实景照片，在民居建筑写生中也是经常见到的，在作品中添加这类配景对于增强画面气氛能起到很好的作用。观察比较这四幅实景图片的共性及各自的特点。

（2）要点提示

草房、草亭、草垛因其材质相同，所以有较多的共同点，要把其柔顺蓬松的

图4-183～图4-186 草房、草亭、草垛、柴堆的实景

感觉画出来，概括、归纳尤为重要，还要组织好线的长短、强弱（实起笔虚收笔）与疏密变化（图4-187～图4-192）。

　　画柴堆首先要把被绳子捆扎结实的柱状感觉表现出来，其次要注意其外形枝丫的变化（图4-193、图4-194）。

图4-187～图4-190 草房、草亭、草垛的画法

图4-191、图4-192 草房

在画面中的表现

图4-193、图4-194 柴堆的画法

### 6.石头的画法

图4-195～图4-198:为石头的实景照片。在建筑写生中表现最多的主要有观赏石和山石两大类。

要点提示:

观赏石在江南传统的园林中随处可见,以太湖石和黄石居多。观赏石是中国传统园林中最基本的造园要素之一,而堆叠假山是"石"在园林中营造园景的主要用途。表现园林中的观赏石,更讲究用笔的抑扬顿挫和外形的姿态美,把文人画家所赋予它的"瘦漏皱透"灵气、文气和自然天趣表现出来。

山石是山水画的主要表现对象,中国传统山水画已形成了一整套皴法体系,但钢笔(属硬笔)不同于毛笔,受纯线条的制约,我们更多的是考虑如何用单纯的线形表现山石的结构和纹理,如何通过线条的长短、疏密、取舍把山石的形体转折、走向及质感表现出来,既要造型严谨,又要自然生动(图4-199～图4-205)。

图4-195～图4-198 山石实景

图4-199 山石的画法

图4-200～图4-204 山石的画法

图4-205 山石在画面中的表现

图4-206～图4-209 木桥与石桥实景

### 7.木桥及石桥的画法

图4-206～图4-209:为木桥与石桥的实景图片,四个桥的式样各有特点,观察比较其各自的不同。

要点提示:

不论木桥还是石桥,它们的作用都是供人通行,需能承担一定的荷载,所以在表现的时候要把其稳固和厚度感表现出来。另外,建筑速写所表现的带有桥的场景大多在室外,它们经过多年的酷暑严寒和风吹日晒,或多或少都有一些残损,并且有的长了青苔,有的生了杂草,所以要把桥所历经的岁月沧桑感表现出来。崭新的、机械的桥是难以入画的,因为它缺少了与环境的融合,缺少了自然情趣(表现城市建筑环境中金属、玻璃等现代结构的桥另当别论)(图4-210～图4-215)。

图4-210 木桥的画法

图4-211~图4-213 石桥与木桥的画法

图4-214 木桥在画面中的表现

图4-215 石桥在画面中的表现

图4-216~图4-218 水的实景

### 8.水的画法

图4-216~图4-218:分别为瀑布、跌水、水面的三张实景图片,观察比较其动势的大小及波纹的变化。

要点提示:

画流动的水,着重要表现出水流的动势和方向感,线条宜清晰流畅,最忌犹豫不定、模棱两可;水花的表现要以密衬疏,层次分明;表现静态的水面,宜用略带颤抖的波浪线或水平线,但要注意线条的疏密变化并适当画出岸上物体的倒影(图4-219~图4-228)。

图4-219 水的画法

图4-220～图4-225 水的画法

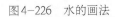

图 4-226　水的画法

图 4-227 水在画面中的表现

# 第五章　建筑钢笔速写的风格表现

　　建筑钢笔速写有多种表现技法,可以用纯粹的线描来表现,也可以用排线法组成明暗调子对画面进行细致入微的刻画;可以简明扼要勾勒大的感觉,也可以对物象进行大胆夸张,采用变形的装饰手法等等,总之,随情所至因人而异。初学者对于个人风格不必刻意追求,风格的形成是一个顺其自然、循序渐进的过程,过早结壳会限制自己的思路,禁锢水平的提高。应先从最基本的用线、造型、透视开始,扎扎实实打好基础,经过多多临摹优秀作品再到大自然中对景写生,几个循环之后水平自然会不断提高,待日臻成熟以后,就可以在写生和创作过程中不断总结经验,有意识地尝试多种表现技法,以不断丰富自己的表现力。日积月累就会形成自己的个人风格。

## 一、线描风格

　　线条是钢笔速写中最基本的造型元素,也是钢笔速写的生命所在。钢笔线条具有很强的表现力,通过线条的曲直、粗细、虚实、交叉、并列构成画面丰富的效果。线描画法近似于中国画的白描,具有高度概括的特点,排除光影明暗的干扰,从物体的结构出发,把物体的形态、结构、转折、层次、质地用概括的线条表现出来,不需要细密华丽的明暗修饰,却能使画面达到造型严谨、情景交融、形态生动、轻松明快的效果。

　　线条虽然简单但却是有生命的,是抽象思维结合形象思维的产物,这种生命力是人们将具有形式感的线条结合于物象的联想所赋予的。不同线形的线条也具有不同的性格特点,根据画面的需要,可运用不同性格特点的线条来表现景物,使画面产生不同的情感,给观者以心灵的愉悦和美的享受。如有的线条刚劲有力、有的柔弱轻盈、有的稚拙朴实,有的流畅优美。线条的变化取决于运笔。运笔轻而快,画出的线条就细而爽;运笔的速度慢,着力重,画出的线条就粗而实;运笔时略带颤抖,画出的线条就生涩而古拙。沉稳坚实的线条给人以力度感和向前感,可以表现建筑主体的轮廓和主要结构部位,轻细的线条会有后退的感觉,可以用来描绘配景和远景(图5-1、图5-2)。

图5-1 线描风格1

图5-2 线描风格2

## 二、明暗风格

　　明暗风格的钢笔速写，是通过线条排列、交叉、重叠的方法去表现画面的层次和明暗关系。通过对线条的合理组织，能够表现出物象的光影变化和体量感，充分体现物象的形体结构和三维空间关系，通过黑白灰合理的布局使画面产生较强的视觉冲击力，所以这种排线形式尤其擅长表现光线照射下的物象。同时明暗风格的钢笔排线还具有明暗层次过渡细腻、柔和的特点，可以表现非常微妙的空间关系和物象的材质美感。但作为建筑速写来要求，其描绘的明暗色调当然要比素描简洁得多，只需表现出大体的层次就足够了。需要指出的是，作画过程中在注重表现物象结构的同时，特别要注意明暗交界线的描绘，适当消弱中间层次。仔细观察了解物象明暗对比关系，既要强调对比，又要做到统一，着重把握整体气氛的营造，不必苛求于微不足道的细节描绘。

　　在实地写生时，由于受时间及环境条件的限制，往往把大部分精力倾注在对物象的结构和形态特征的刻画上，不太可能在现场对光影关系做深入的刻画。可以现场拍照作为参考或靠记忆默写的办法在室内案头对未完成作品做进一步的刻画，直至完成(图5-3、图5-4)。

图5-3、图5-4 明暗风格

## 三、线面结合风格

　　线面结合的风格兼具了线描风格和明暗风格的表现技法，是在线描画法的基础上，在建筑的主要结构处、凹处（如窗洞、门洞）或明暗交界处有选择地施以简单的明暗块面的排线方法。这种画法着重强调明暗两大部位色调的对比，对中间调子要进行归纳或大胆取舍，甚至可以省略，这样既能强调、突出建筑的某一主体或增加空间感，又可保留线条的率真和韵味；因为线比块面造型具有更大的自由度和灵活性，它表现形体迅速明确；而明暗块面又给线以补充，不仅活跃了画面气氛，也增添了画面的层次感及节奏感。所以说线面结合风格既能综合明暗与线描风格之长，做到收放自如，又能补其两者不足；若能将两者恰当有机地结合，定会使画面语言更丰富、物象表达更完整、画面效果更加生动有趣(图5-5、图5-6)。

图5-5、图5-6 线面结合风格

## 四、意向草图风格

在建筑写生时，由于受时间所限等原因，对所表现的建筑景致不能进行较为深入细致的刻画，只能在较短的时间内用简洁的线条以写意的形式对建筑物形态特征和空间氛围进行概括描绘，常常是灵感的顷刻迸发，尽管对于画面的某些细节表现不够充分，但笔性随意、自然、松动，常常有很强的随机性和意想不到的偶然效果。通过意向草图风格的训练，可以提高画者在较短的时间内迅速捕捉对象，并对其进行概括和取舍的能力，对于今后在设计工作中，方案的创意和表达将会大有裨益(图5-7、图5-8)。

图5-7、图5-8 意向草图风格（刘甦）

## 五、个性语言

　　个性化艺术语言的形成不是靠简单模仿得来的，也不会一蹴而就，需要经过长时间的艰苦磨练。每一位艺术家都在追求自己的个性语言，因为优秀的艺术作品都是需要有个性的，没有个性的艺术作品是缺乏生命力和感染力的。个性化语言是艺术家个性、情趣、修养、技法、阅历、感知的综合体现。中国历代艺术家都非常讲求个性语言的培养，给我们留下了大量的传世精品和绘画理论，我们可以从中借鉴许多东西。西方绘画大师的钢笔画、风景画也为我们开启了一扇窗口，让我们可以尽情呼吸来自远方的新鲜空气。"百花齐放、百家争鸣、古为今用、洋为中用"在今天对我们依然有重要指导意义（图5-9、图5-10）。

图 5-9、图 5-10 个性语言（钱强）

## 六、建筑钢笔速写作画步骤

### （一）线描风格作画步骤

图5-11 婺源理坑农家小院

以《婺源理坑农家小院》为例(图5-11)。

建筑钢笔速写的表现应遵循一定的程序和步骤，但具体细节还应因人而异，不必强求一律，因为每个画家都有自己独特的审美视角和作画习惯。一般来说，应是整体观察，局部入手，逐个完成。因钢笔线落笔不易修改，要做到胸有成竹、落笔无悔，但对于初学者最好先用铅笔画出大体轮廓，然后再用钢笔勾画，这样会更容易把握建筑的比例和透视方向。

1. 当选择好作画位置后，不要急于动笔，切记李可染先生"画从静中来"这一名言。根据构图需要，要先对周围景物进行观察、分析，首先确定哪一部分作为画面主体，应放在画面最突出的部位；哪一部分作为画面的配景，若配景过于繁杂，还要进行概括取舍。对此要做到心中有数，在此基础上开始用铅笔轻轻地勾出物体的大致轮廓(图5-12)。

2. 在铅笔稿的基础上，进行钢笔勾画。建筑钢笔速写的顺序通常是先画前景，接着画中景，最后画远景，分组来表现，每一部分的物体尽量画完整后，再画另一部分，以蚕食式的行笔逐个完成，始终使画面保持一种清晰的脉络。这幅作品是先从小院的一组低矮石墙画起，为了更好地表现石材质感，用笔宜以方笔为主，下笔

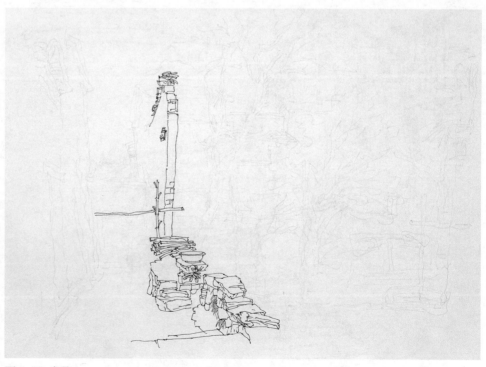

图5-12 步骤1

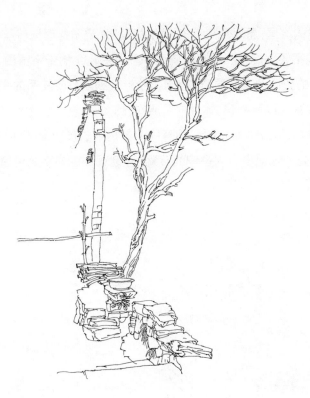

图 5-13 步骤 2

图 5-14 步骤 3

肯定利落(图 5-13)。

　　3.前景以枝干为主的大树,位于画面最主要的部位,同中景最高处残破的房屋构成了画面的视觉趣味中心,两者形成前后重叠的关系。树在房屋的前面宜先画,从树干开始再到树枝,树枝的用笔要灵活而松动,并体现出疏密变化。预先考虑到树后屋面瓦片用密线处理,所以上部树干留白,同瓦片形成疏与密的反差(图 5-14)。

4.表现中景的房屋,屋面瓦片及窗户的木窗格采用密处理把前景树干的上部挤亮。瓦片的勾线不要太规整,要略带疏密和参差变化;树干下部画竖向皴纹及疤节,以体现树干的扭曲及苍老质感。接着描绘近景的芭蕉及其后的夹叶树,有意加强两者的疏密关系,以密衬疏,体现前后层次(图5-15)。

5.完成夹叶树后面的中景房屋,注意同前景树木的疏密穿插,以密衬疏或以疏衬密;接着描绘处于最前面石块垒砌的石凳,注意画面的右下角要留有余地,采取虚处理,使画面透气(图5-16)。

图5-15 步骤4

图5-16 步骤5

6.画右边的木柴、瓜架及残墙上长满的草本植物。实景中的各类植物比较茂密繁杂，没有明确的边缘，处理时要根据画面的需要，有意识地进行合理组织和归纳，要互衬互让、有疏有密，并注意叶形的变化，切不可平均对待，胡子眉毛一把抓(图5-17)。

7.画最左边透视非常集聚的房屋，在整个画面中它处于从属地位，用笔宜简练概括；在实景中的作画位置，这个墙面是看不到的，只看到竖向的屋角，我把作画位置往右边挪动了两米来进行表现，这个墙面为丰富画面内容和增强画面的层次感起到了非常重要的作用；为了构图需要，适当变换观察角度，或前或后、或左或右，是我经常运用的办法(图5-18)。

图5-17 步骤6

图5-18 步骤7

8.进一步调整画面关系,用简洁、松动的线条勾画远山,最后落款完成(图5-19)。

图5-19 完稿

图5-20 《屏山村河边小木屋》

## (二)明暗风格作画步骤

以《屏山村河边小木屋》为例(图5-20)。

这是皖南屏山村沿河而建的一幢局部出挑式的小木屋,干裂斑驳的木构件及墙皮脱落后裸露的砖墙,显示出木屋饱经沧桑的岁月痕迹。实景本身就呈现出优美的轮廓线及近、中、远丰富的层次感、强烈光线下物体间投射的阴影等,面对这样的美景无法不激发起你的灵感,给人以急于表达的冲动,当时我就是怀着这样的心情把这种感受描绘下来的。

1.通过认真的观察比较,在心中勾画出大致的画面,

图5-21 步骤1

图5-22 步骤2

如主次、疏密等；用铅笔轻轻地勾画出大致的轮廓，在此基础上先从处于近景的小木屋的瓦片开始（小木屋既是近景又是画面的视觉趣味中心，需要花较大精力去表现），从上而下、从左到右画出木屋的大致结构，简略地画出木结构的裂痕及纹理(图5-21)。

　　2.以蚕食式的行笔向四周扩展；先依次画出近景坚实的石板桥、斑驳的青石路面、富有韵律感的石阶，再画中景高大浓密的棕榈树和其周围的几株杂树、杂草，要疏密相间、互衬互让(图5-22)。

3. 勾画远景中最能体现皖南民居特点的马头墙及伸向远方的小路，我有意强化路面形成的"S"型优美弧线，使之更有变化(图5-23)。

4. 画堤岸的毛石墙，用笔要以方为主、方圆结合、大小相间；南方气候潮湿，石缝间经常有小叶植物和杂草生出，为丰富和点缀画面起到很好的作用；接着画水面，水纹以波浪线表现(图5-24)。

图5-23 步骤3

图5-24 步骤4

140

5.从这一步开始主要是表现各物体的体感和画面的空间感。在大致完成的线描稿上，根据光线的照射方向，以不同方向的排线上明暗调子，先从小木屋的暗部开始上起，注意排线的方向性。此时（而不是过早地）上明暗调子的好处是，能够在较短的时间内，较准确地把握日光下各物体间投影的方向和长度，使之更切合实际，呈现的画面效果更自然生动(图5—25)。

6.以不同方向的排线刻画石板桥、石阶、堤岸毛石墙(图5—26)。

图5—25 步骤5

图5—26 步骤6

7.加深中景及远景树木的暗部层次，表现出树冠的体感，加深树叶以挤亮树干，衬托前景的矮墙(图5-27)。

8.用排线描绘近景石板路面、左侧房屋背光的墙面、远景的马头墙、远山，这些都属于画面的配景部分，用线宜轻松简略，切不可刻画过于严谨细致，否则会使画面过于平均而失去重点(图5-28)。

图5-27 步骤7

图5-28 步骤8

9.进一步调整画面，小木屋是整个画面的重点应强调，结构处、凹处、投影等
关键部位应继续深入刻画。某些过花的地方进一步统一，最后落款完成(图5-29)。

图5-29 完稿

## （三）线面结合风格作画步骤（对图速写）

对图速写也是提高速写水平有效的训练方法。作品呈现的效果与所选图
片有直接关系，画面构图应相对完整、主体与陪衬突出、有明显的光影变化、
无论一点或两点透视，有明显的透视角度。图5-30～图5-35是别墅庭院景
观对图速写步骤。

步骤1：找出视平线及消失点位置，用铅笔从消失点画出放射状辅助线，大体勾勒出建筑形体与周边的环境关系。

步骤2：用墨线笔从主体建筑画起，注意线条相接的时候要出头，表现建筑的线条要坚实有力。

步骤3：逐步往四周延伸，把重点表现的物体具体化，如：毛石墙、灌木、石板路等，左右下角宜虚处理，（预留出落款位置）。

图5-30 别墅景观照片

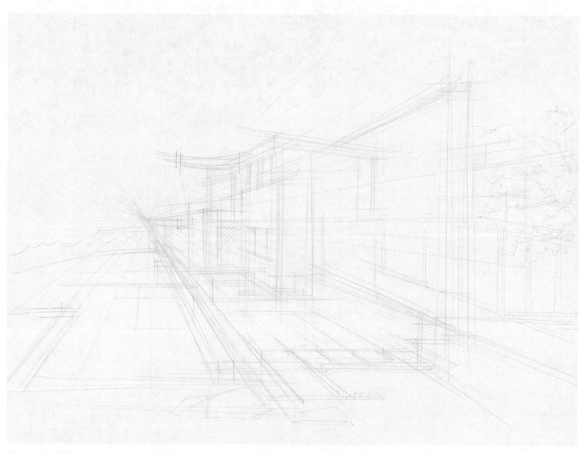

图5-31 步骤1

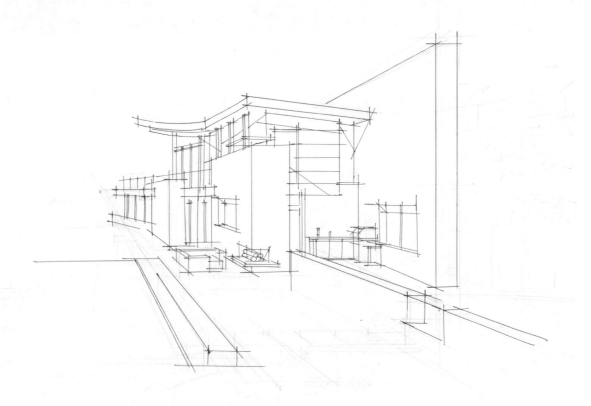

图5-32 步骤2

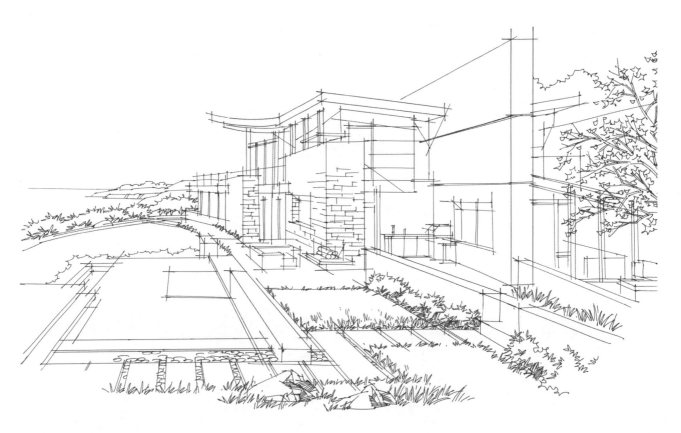

图5-33 步骤3

步骤4：明确光线来源，确定好亮面与暗面的对比，特别是建筑立面的阴影效果，打出均匀的排线，使建筑更有形体层次，细化建筑立面的材质关系。

步骤5：最后调整建筑细节部分，细化近景、中景和远景环境，落款岑印，最终形成一张完整的建筑景观表现图。

图5-34 步骤4

图5-35 步骤5

# 第六章　建筑钢笔速写的训练方法

　　建筑速写是建筑艺术、环境艺术设计中必不可少的基本功之一，也是设计师表达设计意图的一种重要语言。要想尽快掌握和提高建筑速写水平，画一手漂亮的钢笔画，勤学苦练并勤于思考是必不可少的环节，是任何一位优秀的画家与设计师都必须经历的。建筑大师格雷夫斯就把速写当"日课"，把速写作为他工作与生活的一部分。所谓"拳不离手曲不离口"。正是对熟练掌握建筑速写这一表现形式最好的诠释。

　　任何技法的学习与掌握，都有一个由浅入深、由简单到复杂、循序渐进的过程，也都有一定的规律，根据我多年教授建筑速写课的经验和体会，认为应着重从以下几方面入手。

## 一、临摹作品

　　优秀的钢笔画是画者在实地写生的过程中概括总结的产物，其中凝结着画者多

图6-1 原作（爱迪生·B·勒布蒂利耶）

图6-2 临摹作品（耿庆雷）

年的心血和汗水，也包含了画者面对实景时的灵感与冲动，充满了画者特有的感情。我们在临摹的时候不可简单地只是追求外形相似，更重要的是体会画者的巧思妙想和处理画面关系的经验。临摹的时候不要像应付作业那样一味求快，应该花费比原画者更多的时间，细心体会、分析画者先从哪里画起，接着再画哪里，中间作了哪些调整，哪是主，哪是从，为什么要这样构图以及线条的轻重缓急、疏密变化等等，都在分析感悟之列。应该像福尔摩斯一样追寻蛛丝马迹，然后发现完整的真相。

对于作品的选择也是一个关键。我们知道取高乎上的道理，要选择那些高质量的大师作品，这样你所用的时间才更有价值。临摹作品不仅是训练手上的功夫，更多的是对眼界的提高与开阔。当你真正沉下心来，经过一段时间的临摹训练，再回头看时，你所取得的进步连自己也会感到惊讶(图6-1～图6-6)。

图6-3 原作（贝特拉姆·格罗夫纳·古德林）

图6-4 临摹作品（耿庆雷）

图6-5 原作（爱迪生·B·勒布蒂利耶）

图6-6 临摹作品（耿庆雷）

## 二、对图速写

对图速写就是对照摄影图片进行速写，这也是一种方便有效的学习方法。从图片可以获得大量的所需内容，特别是国内外优秀建筑师的作品，有些内容是无法实现实地写生的。如约翰·伍重设计的悉尼歌剧院，像贝壳，也像莲花，在蓝天的映衬下漂浮在海面上，美轮美奂，仅是这样一张建筑图片也会令人心旷神怡。这就是建筑艺术魅力之所在，它穿越时空进入观者的视线和大脑，给观者带来视觉的享受和美的体验。

对图速写并不是完全照葫芦画瓢那么简单，也是一次再创作的过程，因为每一幅图片并不是尽善尽美，完美无缺的，需要画者开动脑筋，运用概括、取舍、对比等手法重新组织画面，需要有较强的画面掌控能力。另外，我们临摹建筑大师的作品，不仅是对他们的最好敬意，也是为了有朝一日可以设计出与他们的作品一样吸引人的建筑作品，与伟大艺术家比肩是每一个优秀学子的梦想。我们在临摹的时候，更多的应注重建筑所散发出的美感的表达，也就是常说的大师气质。那种只是满足于形似的呆板刻画是不可取的（图6-7、图6-8）。

## 三、建筑写生

建筑写生是一个发现美，追随、创造真实美的过程，也是提高速写水平最有效的方法。真实不等于美，但美置身于真实却毋庸置疑。写生的作品最具活力和感染力，因为它来源于生活，画面的每一根线条乃至每一个小点，都饱含了画者的情感和思绪，受画者的立意、取舍、技巧和情愫的影响。面对杂乱无章的景物，首先要理出一个头绪，明确哪些部分作为画面的主体需要深入刻画，哪些地方是配景，起着陪衬主体的作用。物体的大小、明暗的运用、线条的疏密、空间的远近，甚至建筑的造型、结

图6-7 国外摄影图片

图6-8 对图速写（耿庆雷）

图6-9-1 宏村大角苗实景

图6-10-1 宏村月沼实景

构、材质都需要通盘考虑，经过理性的思考组织画面，做到了然于胸，然后大胆落笔，一气呵成。

　　作品的数量和质量一样重要，建筑速写水平的提高同样也是一个从量变到质变的过程，高质量的作品是经过艰苦的训练加上灵感的生发而获得的。只要我们不断地到大自然中去体验，去"搜尽奇峰打草稿"，坚持三多——多看、多想、多画，并遵循一定的程序和掌握正确的学习方法，相信功夫不负有心人，一定能够画出令自己和观者满意的建筑速写作品（图6-9、图6-10）。

图6-9-2 宏村大角苗写生

图6-10-2 宏村月沼写生

151

# 第七章 建筑速写作品欣赏

图7-1、图7-2 青岛建筑实景与写生

图7-3、图7-4 青岛建筑写生

图7-5 青岛建筑写生

154

图7-6 青岛建筑写生

图7-7 青岛建筑写生

156

图7-8 青岛建筑写生

图7-9 国外建筑写生

图7-10 国外建筑写生

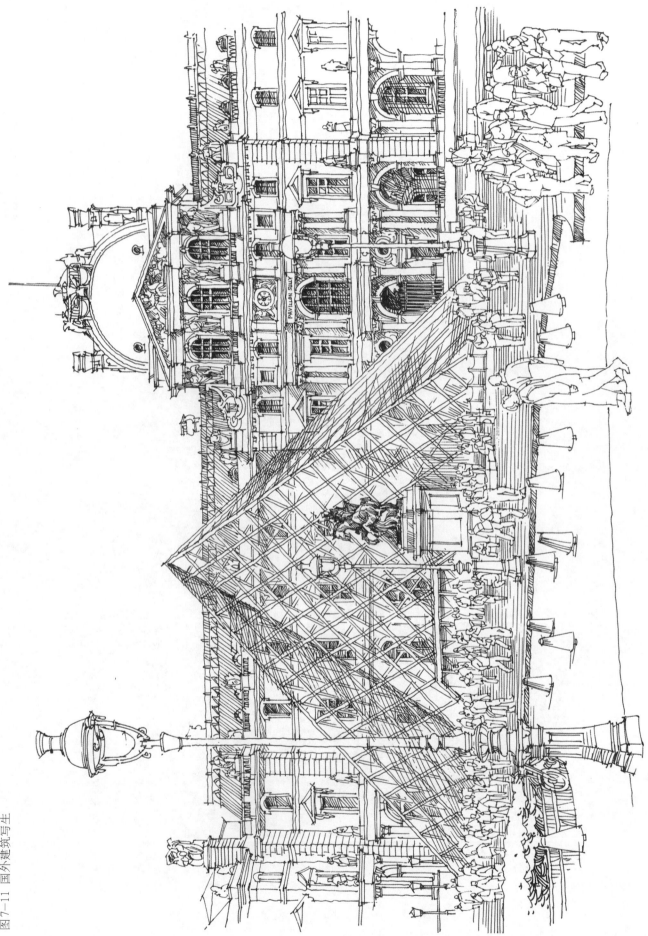

图7—11 国外建筑写生

160

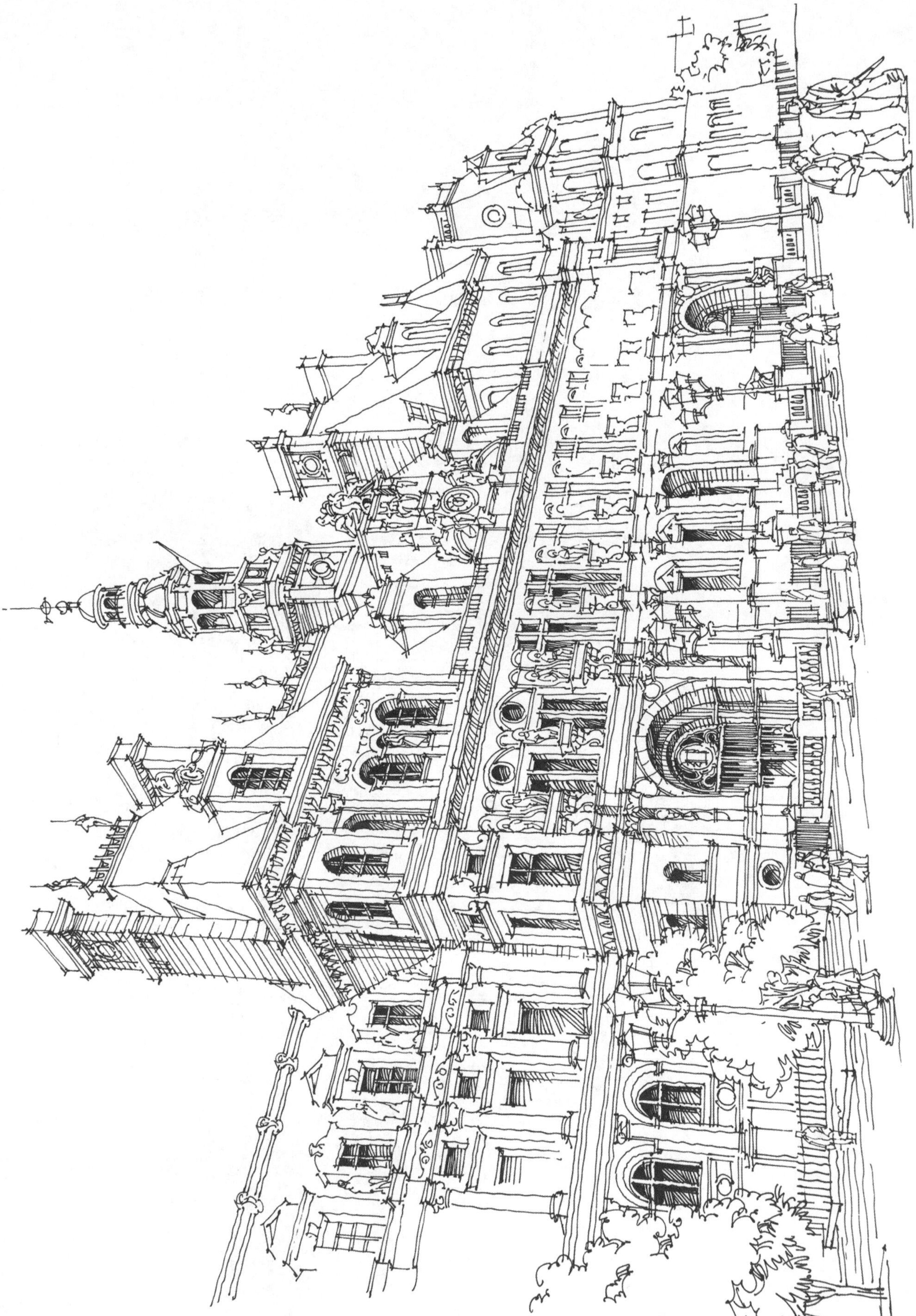

图7-12 国外建筑写生

图7-13 国外建筑写生

162

图7-14 国外建筑写生

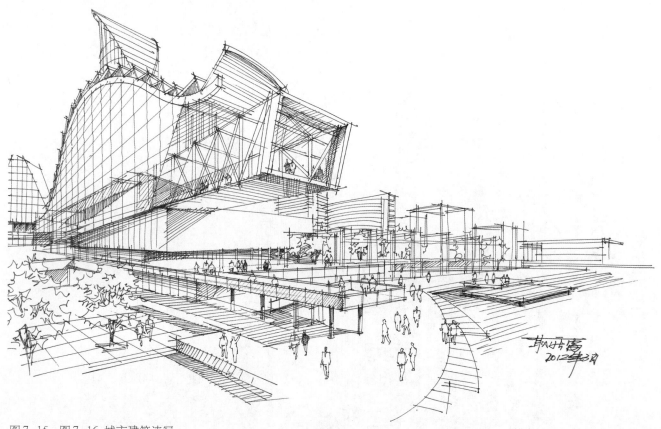

图7-15、图7-16 城市建筑速写

图7-17、图7-18 城市建筑速写

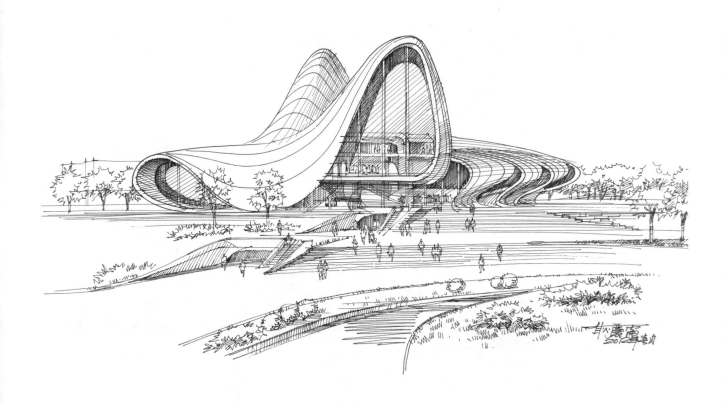

图7-19、图7-20 城市建筑速写

图7-21、图7-22 韩国建筑写生

图7-23 国外建筑写生

图7-24 泰国住宅写生

图7-25　韩国酒店建筑写生

图7-26

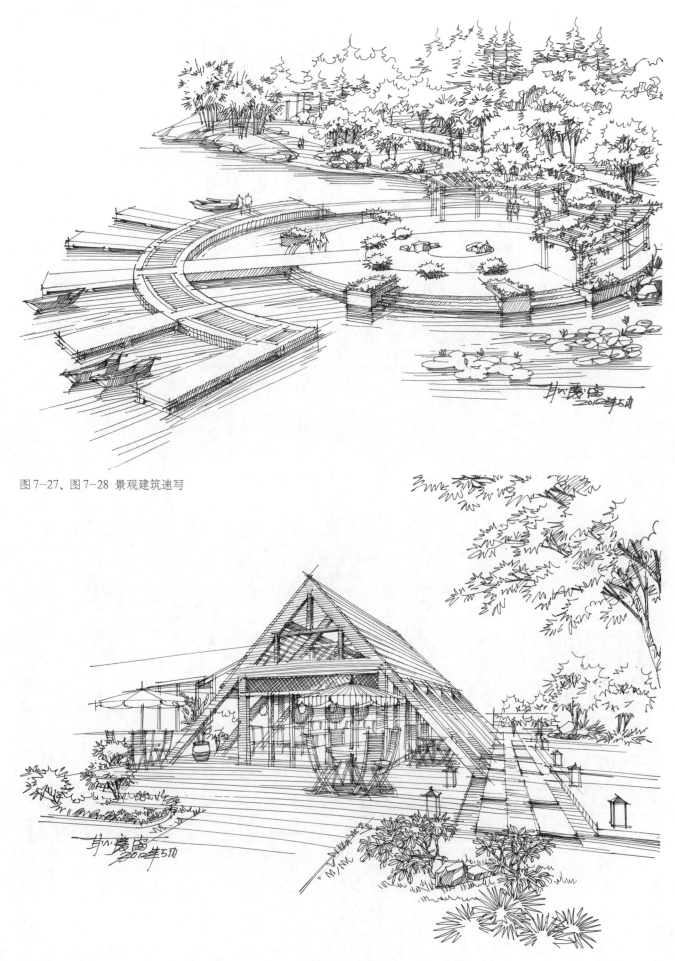

图7-27、图7-28 景观建筑速写

图 7-29、图 7-30 小区景观速写

图7-31 城市建筑速写

图7-32 国外别墅写生

图7-33 别墅建筑速写

图7-34 度假村景观速写

图7-35 小区景观速写

图7-36 屏山写生

图7-37 小景观速写

图7-38 室内景观一角

图 7-39、图 7-40 国外景观速写

图7-41 公共建筑入口速写

图7-42 别墅景观速写

图7-43 别墅建筑速写

图7-44、图7-45 旅游度假区建筑速写

图7-46 小区景观速写

图7-47 展馆建筑速写

图7-48 小区景观速写

图7-49 办公建筑速写

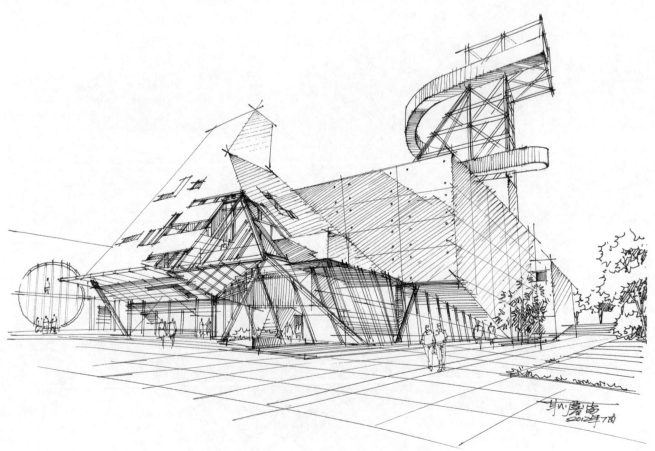

图7-50 洛杉矶视觉和表演艺术第九中学建筑速写

图 7-51 城市建筑速写

图 7-52 国外建筑写生

图7-53 国外别墅建筑速写

图7-54 城市建筑速写

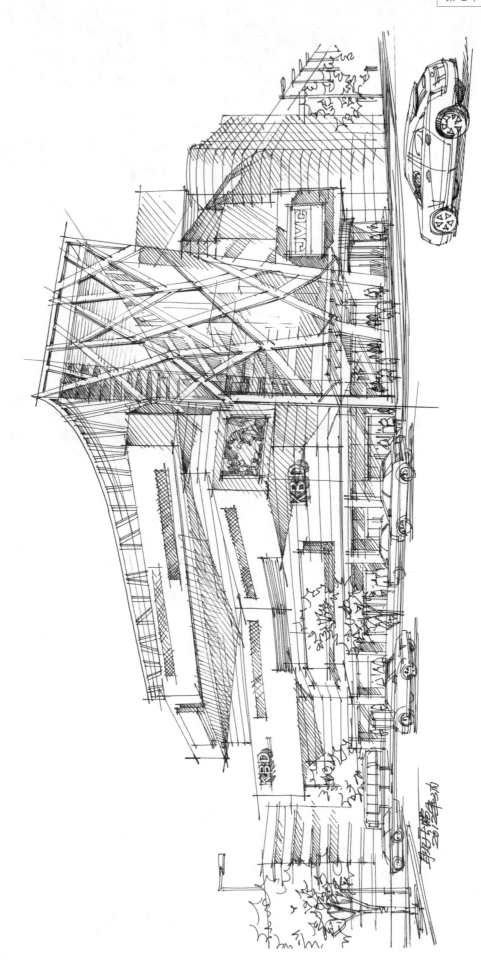

图7-55 城市建筑速写

图7-56 别墅建筑速写

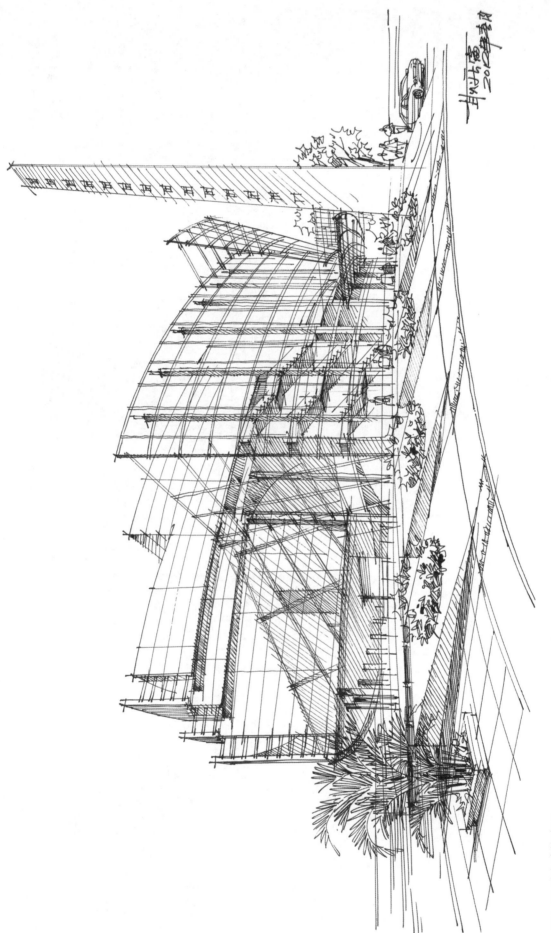

图 7-57 城市建筑速写

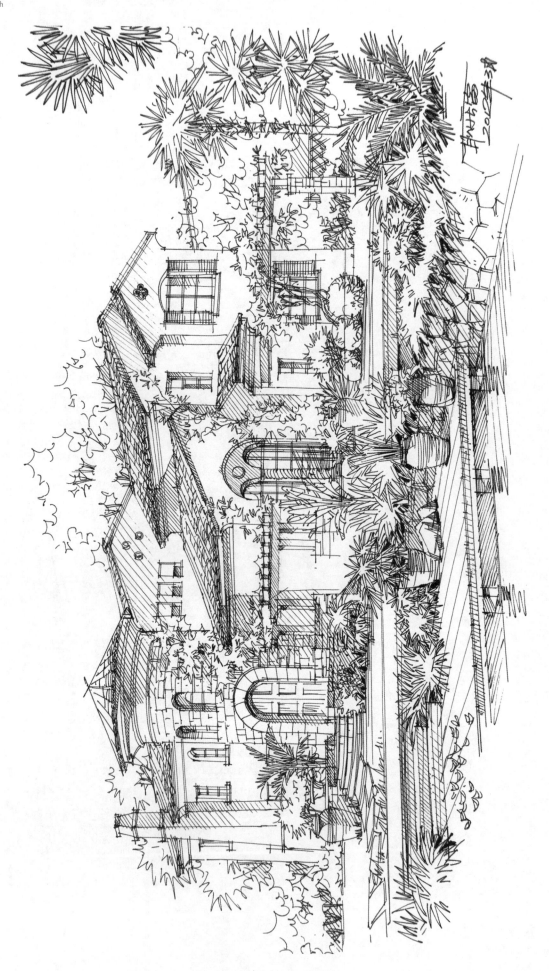

图7-58 别墅建筑速写

图7-59 别墅建筑速写

图7-60 别墅建筑速写

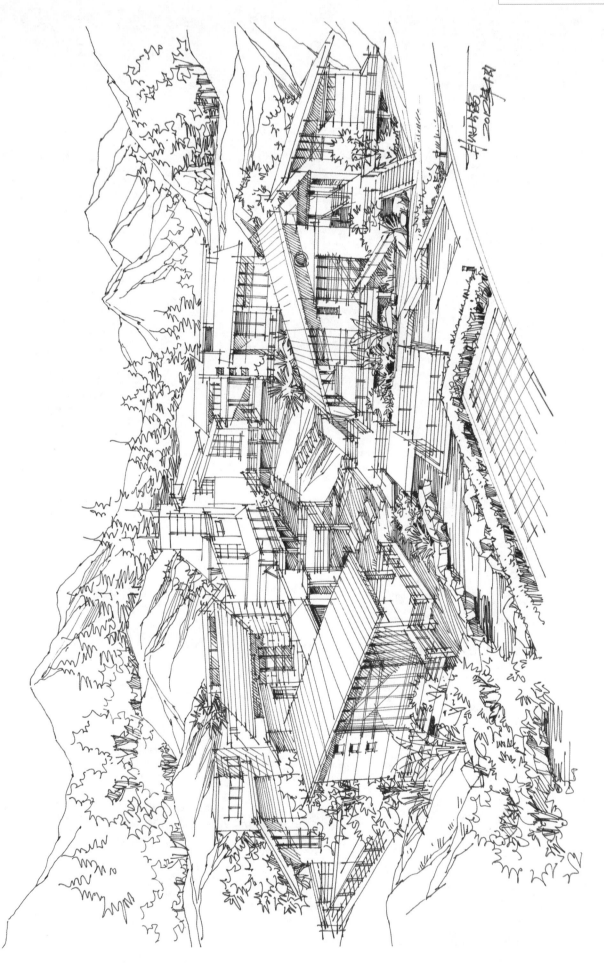

图7-61 度假村景观速写

图7-62 四川塘河写生

图7-63 四川福宝写生

图 7-64、图 7-65 四川福宝写生

意大利乔木住宅
郇庆宾2017年8月

图7-66、图7-67 旅游度假区建筑速写

郇庆宾
2017年夏月

图 7-68、图 7-69 福建桂峰写生

图7-70、图7-71 福建桂峰写生

图7-72 四川福宝写生

图7-73、图7-74 四川塘河写生

图7-75 西递写生

图7-76 杨集写生

图 7-77、图 7-78 杨集写生

图7-79、图7-80 杨集写生

图 7-81、图 7-82 拈花湾速写（作者：耿菲）

图7-83、图7-84 拈花湾速写（作者：耿菲）

图 7-85、图 7-86 拈花湾速写（作者：耿菲）

# 跋

　　建筑师是一种令人心驰神往的职业，从古至今的建筑大师往往也是艺术大师，他们同时具备着对学术的严谨态度以及在艺术创作上的灵感天赋。

　　建筑师与绘画之间冥冥中存在着某种联系，这一点在米开朗基罗以及达·芬奇等艺术大师身上表露无遗。从丹麦的著名设计师约翰·伍重到中国的梁思成、齐康、彭一刚，他们无一不具备精湛的速写技艺。与此同时，很多建筑师也常常用他们的画去表达他们对建筑的理解。建筑手绘因此应运而生，建筑速写是建筑手绘的主要表达形式，也是设计师的看家本领。

　　伴随着科技的飞速发展，计算机的应用给建筑设计带来了历史性的变革。电脑效果图曾流行一时，而原创的手绘近乎被大多数设计师遗忘。令人可喜的是，近十几年来，速写作为建筑师进行空间创意最简便的方式又逐渐被人们重视。分析其原因有以下几点：一是设计前辈们对手绘的重视与呼唤；二是国外优秀设计企业进入中国，他们对原创设计语言非常重视，对设计人员手绘表现能力有较高的要求；三是近些年设计手绘表现大赛的举办与推广；四是设计专业本科生的考研热，手绘快题作为必考科目。总之，手绘的复苏与兴起对设计界来讲是一件大好事。

　　建筑速写要求在短时间内，使用简单的绘画工具，以简明扼要的线条画出对象的形体特征、动势和神态。它可以记录形象，为创作收集素材。在这个意义上，它可视为写生的一种，同时还可以作为一种独特的艺术表现形式或设计构思和表现。好的建筑速写与其他绘画形式一样，都有其独立存在的艺术价值，同样成为人类艺术宝库中的瑰宝。

　　建筑设计是一种文化，通过建筑速写可以提高设计师的素质和修养。多画建筑速写，它不仅对提高绘画的技法能力有很大的帮助，而且对丰富我们的情感以及对客观世界的认识同样有着难以替代的作用。建筑速写不单纯是一种造型基础练习，最重要的是训练作者的感受和思维。没有对建筑深刻的理解是画不好建筑速写的。通过画建筑及风景速写，不仅可以锻炼观察力和表现力，更可以陶冶情趣，感受大千世界的灵气，从而激发出创作的激情与灵感。

　　从一个手绘零基础的学生到习画多年的学子；从一个热爱绘画的青年设计师到有多年教学经验的老师，我们大都曾经历过这样一个转变。我们也曾苦恼没有基础，技不如人；我们也曾一天天地勤学苦练；我们也曾在学习手绘的路上摸索前行。令人欣慰的是，今天我们终于可以通过此书，与同学们分享我们的经验或者说是一些关于手绘学习的小小的收获和领悟！

　　本书内容从最基础的线条开始，由浅入深地给大家介绍透视、构图等理论知识，之后再解决单体、水景、人物、交通工具等各类物体的表现技法，详细地阐述了建筑速写技法的特点和训练方法。此书所选的资料多为我近几年的速写作品，还有设计界同仁提供的优秀速写作品，在此表示深深的感谢！

　　愿此书能为广大学习建筑及艺术设计的学生提供一些启迪和帮助。

耿庆雷

2018 年 7 月

## 参考书目

1.吴晨荣,周东梅.手绘效果图技法[M].上海：东华大学出版社，2006.

2.谢尘.钢笔淡彩表现技法[M].武汉：湖北美术出版社，2006.

3.陈新生.建筑速写技法[M].北京：清华大学出版社，2005.

4.夏克梁.建筑钢笔画：夏克梁建筑写生体验[M].沈阳：辽宁美术出版社，2008.

5.黄格胜.黄格胜山水线描写生教程[M].南宁：广西美术出版社，2009.